CONTENTS

部下を育てる！強いチームをつくる！リーダーのための行動分析学入門

這是你的團隊，你會怎麼帶？

部屬為什麼不照我意思行動？怎麼改變？管理者必學的行為分析技術

心理學教授、行為分析學專家
島宗理——著
鄭舜瓏——譯

推薦序 找出能提升業績的行爲，讓改變看得見／齊立文 007
前言 部屬爲什麼不照我意思行動？怎麼改變他的行爲？ 011

第1章
正向行為管理，害羞省話照樣當好領導者 017

CONTENTS

推薦序
找出能提升業績的行為，讓改變看得見

《經理人月刊》總編輯／齊立文

在讀這本書的過程中，我有點像是在「照鏡子」，相信大多數人可能都跟我一樣，是在當上主管之後，才開始慢慢學會怎麼當主管。

有時候我也會問自己：「天生不太愛管人、生性愛自由的人，要怎麼帶人？」在書裡讀到「關於部屬，上司想的都是：不表達意見、不聽人說話、沒有幹勁、沒有自己的想法」這句話時，我立刻就聯想到自己時常在會議上跟同事說：「開會時一定要有意見、一定要有自己的想法。」要不就是經常在心裡焦慮的想道：為什麼團隊的士氣這麼低落？業績怎麼沒有改善？是不是自己哪裡做得不好？

所幸書中介紹的正向行為管理，給了我及時的提醒：或許我**該關注的不是自己或團隊成員的性格與特質，而是該如何引導、誘發能夠產生具體成效的行為**。我們常說「江山易改，本性難移」，如果你生來就「憨慢講話」，與其要你勉力成為溝通大師、激勵高手，這本書要強調的觀念是：不要太快為自己或他人的性格貼標籤，也不要什麼都推給人格特質，只要針對「關鍵行為」（或書中所稱的「標的行為」）做調整，並給出明確的調整方向和方法，就能產生具體的成效。

還有一點也很重要，那就是希望部屬做的行為要訂得具體、明確，才能夠進行後續的追蹤與修正。就像書中所舉的例子，當主管想要部屬提交報告時展現出細心嚴謹的態度，就不能只是交代報告要「弄整齊」，最好把指示精細到：「裝訂文件時，四個角都要對齊，而且在左上角距離邊緣一公分的位置，用釘書機訂好。」

這樣做的好處不難想見，至少主管在收到報告時，不會心生感嘆：「現在的年輕人做事真的很隨便。」一任由自己的刻板印象作祟，導致溝通不良或產生誤解。

另外，書中也提到「與管理相關的行為都是成本」，只要你曾經覺得部屬叫不動、講不聽、教不會，那就表示身為主管的你，曾經給出無用的指令、建議和教導，而這些都是組織必須付出的有形或無形成本，可見選擇能確實提升業績的行為，是非常重要的事。

雖然這是一本談論「怎麼改變行為」的書，但作者自己也說了，這本書不是要告訴大家怎麼做才對，而是要告訴大家，怎麼做可以找到成功的方法。畢竟每個組織或個人需要改變的行為都不相同，也很難一一條列出來；我們需要的不是「只要這樣做，績效一定會翻倍」的公式（相信也沒有這種通用的標準公式），而是一套「透過這樣做，我的組織、團隊和部屬的績效將會成長」的做法。

最後，雖然本書旨在改變部屬的行為、帶領團隊，但在此之前，主管的心態也需要改變一下，不要動不動就覺得部屬很難教、很難管，而是要瞄準自己想要達成的績效、界定出有效的關鍵行為，清楚告訴部屬為何而戰、如何作戰。

對於想要提升管理成效的主管來說，這是一本非常實用的工具書。

前言
部屬為什麼不照我意思行動？怎麼改變他的行為？

在全球化時代，新一代的領導者需要全新的領導能力，必須能和習慣、價值觀迥異，成長於不同文化背景的員工一起工作，還要提供適合當地文化的產品與服務，以滿足當地的客群。

最容易理解的例子，就是本國企業到海外拓點時常會面臨的問題。比如說，原本在日本熱銷的商品，拿到國外去賣卻四處碰壁；把在本地習以為常的工作方式、經營手法與管理部屬的方法，原封不動的搬到當地，卻受到排斥。

這時候，無論你怎麼責備當地的員工，或是鄙夷他們的文化，也不會讓你的事業更加成功。責備從公司外派去的員工，也一樣無濟於事。這時，你所需要的，是幫助你理解和接受差異、並將差異化為助力的思考架構。

思考架構指的是用來作為基礎的思考方式，而本書所採用的思考架構是心理學中，用來理解人類行為的行為分析學。

所謂的行為分析學，是一種以「人為什麼這麼做」作為核心思考的科學，它的作用是探求某人採取某種行為的原因，並且找出改變行為的方法。你也可以稱之為「使喚人的心理學」。

話雖如此，本書並非行為分析學這門科學的教科書，而是以行為分析學這門科學作為思考架構，教導大家如何成為新一代的領導者。

對於那些老是因部屬不聽使喚而苦惱的上司，**本書可以幫助你理解，為什麼部屬不照你的意思行動，以及可以用什麼具體的解決策略改變他們的行為**。而對於那些尊重職場多樣性、鼓勵員工創新的經營者，本書也將告訴你提升業績、增加工作效率的方法！

此外，在本書中，我會針對企業現正面臨的課題，從正向行為管理（positive behavioral management）的角度，提出處方箋。正向行為管理雖然是以行為分析學的研究為基礎，所發展出來的管理方法，但絕非只是紙上談兵。

本書將會介紹持續學習組織（Continuous Learning Group，以下簡稱ＣＬＧ）[1]這家以正向行為管理見長、支援世界頂尖企業的顧問公司，以及他們的獨門技能與諮詢案例。

ＣＬＧ的總公司設在美國（匹茲堡），他們服務過的客戶包括許多擠進富比士百大[2]的企業。自一九九三年創業至今，他們透過正向行為管理，針對業種涵蓋能源、鐵路、航空、金融、醫療、製藥、食品、零售等各行各業超過五百家的企業，提供顧問諮詢服務，並獲得極大的成功。

這是一家透過改變經營者、管理階層、員工的行為，為公司創造收益的顧問公司。

CLG創辦人之一萊思莉・布拉克斯克（Leslie Braksick）博士，是我的研究所同學，也是與我一同學習行為分析學的好夥伴。CLG在為某日本企業提供顧問諮詢服務時，我曾替她的著作[3]擔任翻譯審訂。

基於這份因緣，筆者在執筆本書時，特別拜託她讓我引用她書中介紹的案例，以及使用CLG已登錄商標的用語，也獲得了她的許可。不僅如此，我還多次訪問現在派駐於CLG日本辦公室的現任顧問丹尼爾・蓋斯勒（Danielle Geissler）博士，盡可能將正向行為管理的第一手資訊呈現給各位讀者。

根據顧問合約，他們必須遵守保密義務，所以過程中很多解決問題的細節，即使他們

1 持續學習組織（Continuous Learning Group），公司網站請見：https://www.clg.com。

2 美國最大家財經雜誌《富比士》每年發表的企業排行榜。

3 萊思莉・布拉克斯克所著的《領導行為與營利能力：打破管理常規，創造無限利潤》（*Unlock behavior, unleash profits: Developing leadership behavior that drives profitability in your organization*），二〇〇七年由麥格羅・希爾國際出版公司於紐約出版。

很想說，也無法詳述。但此次非常難得，他們盡可能在容許範圍內向我提供所有資訊。我想藉此機會，再次向兩人表達我的感謝之意。

回歸正題，不管是積極拓展海外市場的企業，還是經營國內事業的企業，雖然程度深淺有別，但同樣都需要學習異文化管理。因為當我們希望整合所有個性迥異的成員、發揮團隊最大的力量時，**員工各式各樣的個性其實就等同於異文化**。

比如說，當寬鬆世代（編按：指日本一九八七年後出生的世代，在寬鬆教育下，與論認為學生的學習能力普遍下降，畢業後於職場上與同事之間亦容易出現相處問題）開始投入職場後，我們會慢慢發現某個年齡層的部屬，可能跟其他年齡層的員工有著非常不同的文化背景。再舉個例子來說，近年隨著女性積極投入職場工作、參與經營策畫的機會變多，職場中即使看到女性上司與年長男性部屬共事的畫面，也不再令人驚訝。又或者，上司是從國外招聘的外籍高階經理人，在他底下做事的員工卻都是本國人。未來，這股潮流勢必會持續升溫。

在職場中，一個人的表現若脫離平均值，比起被視為個性獨特而受到尊重，更多時候是遭到棒打出頭鳥。在這種社會氛圍下，就個人來說，必須承受諸多壓抑和忍耐；但就組織運作來說，倒也挺順暢。

但這樣的價值觀如今正面臨巨大的轉變。**在尊重多樣性（diversity）的潮流中，社會**

的價值觀從「與眾相同」轉變為「容許不同」，甚至轉變為「與眾不同」。我認為多樣性和全球化一樣，都是不可逆轉的世界潮流。

正因為處於這樣的轉換期，我們需要一個能幫助我們理解「人為何會做出某種行為」的思考架構，並去思考如何讓別人的行為符合我們的期待。就這一點，本書若能為日本再生略盡棉薄之力，我備感榮幸。

下列本書介紹的用語，皆已登錄商標，轉載使用前，請事先獲得CLG的許可[4]。

CLG® 顧問諮詢服務

IMPACT℠模型

MAKE-IT®模型

E-TIP Analysis®

（E-TIP檢驗法）

Performance-Based Leadership®

（績效導向的領導風格）

DCOM®

Discretionary Performance℠

（酌情表現）

4 聯絡請洽 permissions@clg.com。

第 1 章

正向行為管理，害羞省話照樣當好領導者

1 讓別人照你的意思做，但他得到自主

在此冒昧讓我先從一個假想的故事談起，故事的背景發生在不遠的將來，地點是一顆離地球很近的行星。

這顆行星上住著用雙腳行走的人形生物，叫泰納（Tena）族。他們身形不高，即使是成人也只有一公尺高，手臂細長，全身覆蓋濃密的毛髮，長得就像地球上的長臂猿。

隔壁的行星系，有著另一批擁有高度發展文明的種族，十年前他們來到這片未開發地進行探索。他們長得跟科幻電影中的外星人一樣，高高的、長脖子、嗓音尖銳，全身披著銀色的鱗片，他們叫沙拉巴（Shariba）族。

沙拉巴族發現這顆行星上遍布一種叫諾普利（Nopnip）的稀有物質。諾普利對泰納族而言，只不過是毫無價值的小石頭，但對沙拉巴族來說，卻是他們依賴的能源系統中，不可或缺的重要物質。

因此，沙拉巴族將這個星球劃為開發區域，僱用泰納族，一邊教育他們，一邊展開挖

礦與採礦的作業。

標榜經濟自由主義的沙拉巴族，對發展中行星常用的開發手段，就是開放數家大型綜合企業互相競爭。這次他們開發的泰納星球也不例外，有三家實力雄厚的資源開發企業派出旗下員工，從各個行星搭乘飛行器來到這裡，建設工廠、投入設備，僱用以村落為單位的泰納族為他們工作。

諾普利埋藏於地表下數十公分深的土層裡。這些質地柔軟的原礦石，必須盡量保持完整才有價值，所以他們無法使用機器採礦，只能仰賴人工開採。再者，由於沙拉巴族沒有使用X光從地面探測礦石位置的技術，所以只能靠猜測挖掘。

每間公司工作團隊的成員組成都一樣，每十到十五個泰納族員工，由兩名沙拉巴人負責監督。

一開始這三間公司的業績都有顯著的提升，但十年過去，三家公司的差異慢慢浮現。

X公司的採礦量很穩定，但已達到極限。而且他們頻頻發生工作事故，泰納族員工停職和退休人員的數量不斷攀升。

Y公司的採礦量和X公司差不多，但泰納族員工身體健康，工作氣氛也很良好。

Z公司的採礦量遠超過X公司和Y公司，而且還在持續成長中。泰納族員工不僅身體健康、工作氣氛良好，員工之間也會互相交流，討論怎麼樣可以挖出更多的諾普利，因此激盪出許多新點子。比如說，他們不斷改良挖礦用鏟子的形狀和材質。

這三間公司工廠所設的位置，地理條件和氣候條件都沒有差異。諾普利的蘊藏量、泰納族村落的文化教育程度差異也不大，平均薪資也一樣，但是這三間公司的員工績效，差異卻大到令人難以忽視，原因為何？

有意進入這個行星做資源開發的你，命令三名部屬飛到當地，分別潛入X公司、Y公司、Z公司臥底調查，並在完成之後向你報告[5]。

以下是第一位部屬的報告：「該公司的風氣似乎挺重視傳統，每位監督員都十分嚴格，會在場指示部屬挖哪裡、怎麼挖。若是沒挖到礦，他們就會變得更加嚴格，時常把泰納族員工叫來面前痛罵一頓。要是挖到礦

■圖表1　泰納族在各公司的績效

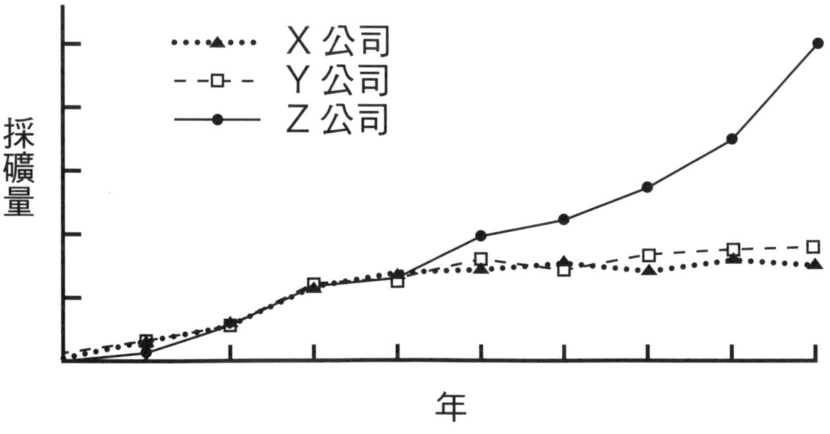

了，監督員就會很高興，而泰納族的人則是頓時鬆了一口氣。員工要是在作業中受傷，大多會隱忍下來，因為害怕說出來會被監督員罵，責怪自己不注意安全才會受傷。說實話，我根本不想待在這種企業工作。」

接著是第二位部屬的報告：「這是一間工作氣氛很融洽的公司。泰納族員工和沙拉巴族的監督員會一起吃飯，休假時員工們也會偕同出遊。監督員的指示很明確，細心教導員工要挖哪裡、該怎麼挖。當他們挖到諾普利時，不管監督員還是泰納族員工，大家都很高興。監督員時常讚美員工、關心他們的身體健康，彼此噓寒問暖，我覺得這是一間工作起來很愉快的公司。」

最後是第三位部屬的報告：「我從未見過這種類型的公司。一開始最讓我感到驚訝的是，這裡的監督員幾乎沒在工作。要挖哪裡、怎麼挖，全都交由泰納族員工決定。監督員三不五時就會去找員工談話，我仔細聽他說了些什麼，似乎都是在問員工今天要挖哪裡、要怎麼挖。泰納族員工會自動分成好幾組，各組之間互相比賽誰採到的諾普利多。各組隊員為了贏過其他組，下班後都留下來討論到深夜，彷彿沉迷於遊戲一般。假如我繼續留在

5 商業間諜活動是違法的行為，此為虛構案例，僅供參考。

這裡工作，雖然不曉得有沒有辦法學會這樣的管理方式，但我很有意願學習。」

應該不用我多做說明了吧，這三份臥底報告所描述的，依序是X公司、Y公司和Z公司。這些雖然是假想的故事，但足以說明上司的領導能力對部屬的表現有多少影響力，絕對不容小覷[6]。

企業即行為，員工的行為決定公司的價值

「企業即人」是日本經營之神松下幸之助先生的名言，意思是經營者的任務就是培育員工，使他們的能力得以完全發揮。據說很多公司都以這句話作為企業宗旨。

有人認為想要在全球化時代贏得勝利，在人、物、金錢這三個經營資源中，應該要把注意力放在成長潛力最大的「人」當中。因為人就是寶，要把人當「人才」善加任用或是大材小用，端賴經營者的用人方法而定。

在高度經濟成長期，對於缺乏天然資源的國家來說，人力資源就是最好的槓桿。以人的力量逆轉金錢和物質有限的負面條件，做出只有日本做得出來的產品，提高生產力、成功達成高度成長。

但是，現在許多企業卻因為人的問題陷入苦戰。比如說，創新產品開發延遲、競爭力

低落、赴國外拓展事業失敗；在國內，大學畢業的社會新鮮人被錄用後，平均有三成的人會在三年內離職；員工因為憂鬱症等精神疾病長期停職、管理階層的工作量以及疲勞感大幅增加等等，與人相關的問題堆積如山。

另一方面，一些懂得充分運用人力提升業績的企業也漸漸冒出頭來。從卓越職場研究所（Great Place to Work Institute）每年以世界級規模調查的「最想進的公司」排行來看，**員工的滿意度越高，公司的業績也越高，兩者呈現高度正相關**[7]。

若說硬撐、打拼、吃苦，是高度經濟成長期的企業成功提升業績的工作方式，那麼從容、動腦、樂趣，**或許就是下一個時代成功提升業績的工作方式**。

企業的業績是由為公司工作的人創造出來的。所謂的「企業即人」，**說的其實就是「企業即行為」**。

在本書中，我會向各位解說各種「如何讓別人照你的意思做」的行為公式，這是活躍於未來時代的領導者必備的強力武器。

6　關於正向行為管理的研究可參考《組織行為管理期刊》（*Journal of Organizational Behavior Management*）這本學術雜誌，裡面刊載多篇相關研究。

7　Great Place to Work Institute Japan（http://hatarakigai.info/process/index.html）.

我第一個要介紹的，是其中最基本的公式，說的是企業的業績或價值（Value）是由企業員工的行為（Behavior）所決定。

V（業績）＝B（行為）

2 領導者的行為：啟動部屬這三種行為

領導者的工作為何？是提振部屬的士氣嗎？還是說，提升業績最重要？受到部屬仰慕的領導者，就是好的領導者嗎？領導者是最後得擔負起所有責任的人？

在本書中，我把「培養領導能力」視為領導者最重要的任務，並做出以下定義：**領導者的工作，是引導並維持部屬能夠創造業績的重要行為，並使他自主去實行。**

以下，我將分別解說這三項任務：

1 能創造業績的重要行為

能不能有效引導部屬的行為，端看上司個人的本領，這點我想大家都贊同。但問題出在行為的選擇上，並不是任何行為都能為公司帶來好處。

行為可以粗分為兩種，一種是引導公司或事業邁向成功的行為，另一種則相反，如何讓自己的行為成為前者，是我們要關心的重點。

這種判斷最佳行為的「選球眼」（編按：日本職棒術語，有選球能力的選手，打擊率較高），有些人可以靠經驗鍛鍊出來，但大多數的人根本沒有意識到這種力量，更甭提學會它了。

在本書中，我會用每個人都學得會、懂得用的方式，教大家「行為化」和「精準化」的技巧，幫助大家判斷什麼是重要的行為。

行為化和精準化的方法，可以用於針對單一部屬的工作，也適用於公司全體的事業。因此，大家可以在以下兩種情況使用這個方法。其一，指導部屬之前，**判斷部屬應該加強哪方面行為的時候**。其二，想要提升事業成果，思考**公司整體未來應該朝什麼方向努力的時候**。

2 使部屬自主的去實行

大家還記得上一節的假想故事中，那三間公司的例子嗎？回想一下，領導者的管理方式會使部屬的行為產生多大的差異？

X公司的員工害怕被監督者罵，對他們而言，工作是「不得不做的事」。

Y公司的員工比X公司的員工更喜歡工作。對他們而言，工作是「照著指令做就可以的事」。

Z公司的員工則是熱衷忘我的投入在工作中，對他們而言，工作是一件「有趣的不得了的事」[8]。

怕被上司罵的員工，只會把工作做到六十分及格，而且做的時候內心時常惶惶不安，一點也不快樂，很難產生新的點子或想法。做同樣的事，被逼著去做和主動想做，在工作的質和量的表現上，差異非常大。

本書要介紹的正向行為管理，會教大家如何從相對傳統的X公司的管理風格，轉變為Y公司的管理風格，甚至轉變成能產生創新點子的Z公司的管理風格。

3 引導並維持

我們心中有很多想做的事，但不可能每一項都做到。比如說，每天都吃得健康、運動、待人親切、學習英文或專業科目……說到有什麼是明明很想做，實際上卻做不到的事，我猜大部分人聯想到的，應該都是這類私生活上的事。其實從本質上來說，工作也是一樣。

8 這種工作方式在CLG稱作酌情表現（Discretionary Performance[SM]）。

■圖表2　何謂「正向行為管理」？

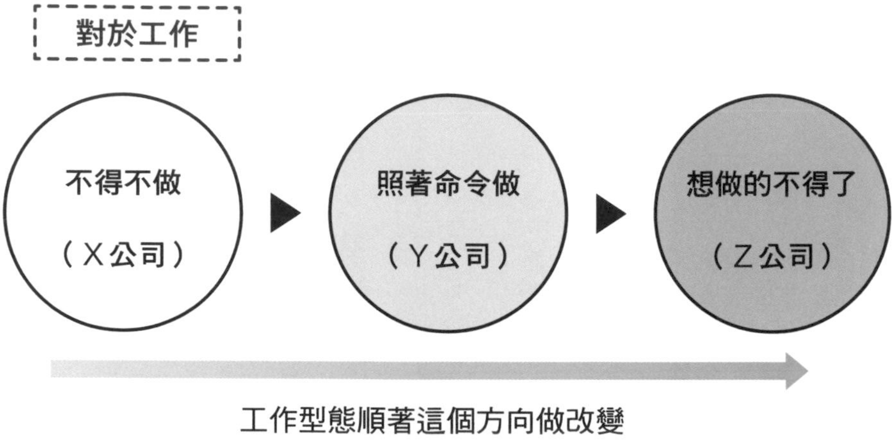

行為的「實行」，光只有想做的心情，以及知道怎麼做比較好的知識是不夠的。有時候，我們明明知道生意該怎麼做才會成功，卻一直實行不了。史丹佛大學的傑佛瑞・菲佛（Jeffrey Pfeffer）教授和羅伯・蘇頓（Robert I. Sutton）教授把這種情況稱作**知識與行為的落差**[9]。

市面上販售的商業書多如繁星，很多都是叱吒商場、個人形象鮮明的企業家所寫的書，要不就是著名經濟學者以龐大的數據作為基礎、堆疊出一長串理論的書。即使這些書讓人讀來「點頭如搗蒜」，並下定決心要去做，但真正讀完書後，付諸實行的人應該不多。連自己行為的實行都很困難，更遑論部屬的行為。

本書列出許多可以幫助實行的行為公

式與豐富的案例。其中，幫助實行的行為公式，是根據行為分析學這門心理學科的知識，所萃取出來的真知灼見。除此之外，我還會介紹CLG的實際案例，看他們如何把這門知識，實際運用在顧問諮詢服務上，成功幫助來自世界各地的企業客戶，提升他們的業績。

提升業績最重要的行為，就是不能只實行一次就作罷，而是必須不間斷的持續下去。我常常聽到一種情況是，企業為了提升部屬的績效，採取了新的管理措施，一開始大家很罕見的相互幫忙，公司內部充滿活力，但沒多久就打回原形了。

重點不是和別人比賽瞬間最高速度，而是怎麼做才能讓行為不流於形式化，並確實、持續的實行。關於這點，本書會一一詳細解說。

領導能力並非與生俱來，而是靠後天培養

就像有些人會被世人認為是天生的大企業家或領導者一樣，領導能力很容易被認為是

---

9 傑佛瑞．菲佛與羅伯．蘇頓合著的《知行差距：聰明的公司如何將知識化為行為》（*The Knowing-Doing Gap: How Smart Firms Turn Knowledge Into Action*）。

與生俱來的能力或適性。

但本書對領導能力下了新的定義，不強調它的「能力」或「適性」。就像前面提到領導者的三項任務，這些工作都需要經過學習才學得會。

我並不是要否定與生俱來的才能，而是要強調，沒有才能並不是你放棄擔任領導者的理由。我後面會詳述，把一切都歸結於自己的能力或適性的想法，其實百害而無一利。

當然，要當一位成功的主管必須具備許多能力。比方說，善於對話與聆聽的溝通能力、與他人一起完成工作的合作能力，還有與工作相關的高度專業性與經營方面的知識等。但不可否認，即使這些條件都具備了，還是有很多主管使喚不動部屬。

這些領導者總是站在第一線、經手一切事務，更是一肩扛下重要的工作，使命必達。乍看之下，這樣的領導者似乎非常可靠，但這種行為可能會產生副作用，即不懂得怎麼使喚部屬、分配任務。

事必躬親型的領導者應該正視自己面臨的危機，這個危機就是錯失培育部屬的機會。這或許就是為什麼那些具有領袖魅力的經營者，總是為了挑選接班人而傷透腦筋的根本原因。

同樣人員，業績加倍，端賴你的領導行為

我認為，未來的領導者想要一邊應付瞬息萬變的經營環境與社會情勢，一邊把人力運用到最大限度，就必須重新省思傳統的領導能力。

組長、股長、課長、經理……企業中有許多職位都肩負著領導者的工作，卻鮮少有企業明確的定義出，擔任這些職位的人應扮演什麼角色，以及該怎麼扮演才好。這就好像公司裡面到處堆滿了引擎，卻沒有注入供應動力的燃料。但換個角度想，這時只要注入燃料，就能一口氣大幅改善公司的績效。

只要改變領導者的行為，企業就會跟著改變。領導者的行為（B^L：Behavior of Leaders）就是啟動組織員工行為（B^F：Behavior of Followers）的原動力。

企業的業績是根據員工的行為產生，這點我們在前面的基本公式中已經說明過了。而領導者的行為若得宜，員工所產生的力量，就會像前面提到的開採諾普利的例子一樣，兩倍、三倍的往上跳。

（領導者的行為）（員工的行為）
↓　↓
$$V（業績）= B^L \times B^F$$

總結來說，領導者的行為可以讓業績呈現倍數的成長。反之，領導者的行為也會讓業績呈現倍數下滑。

■圖表3　領導者行為與員工行為之間的關係

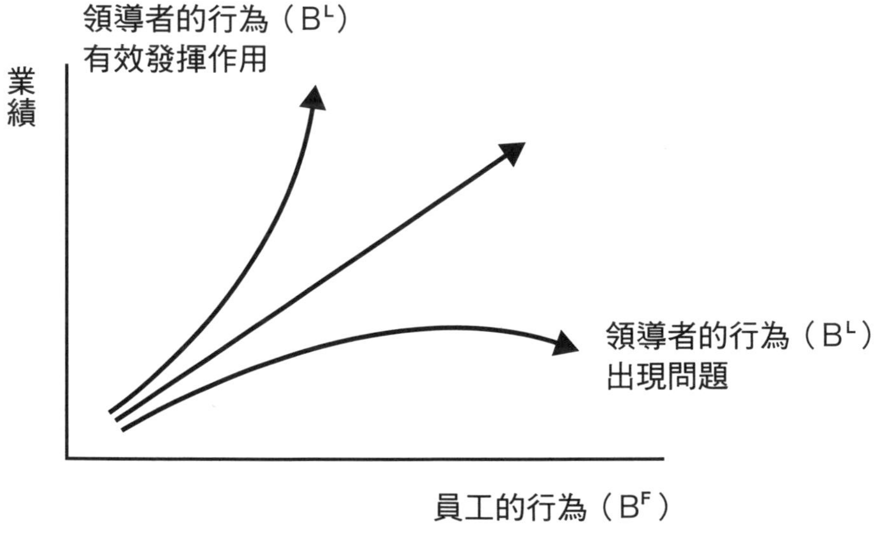

延伸閱讀①——「好上司」比黑心上司更糟

領導者的行為有可能讓業績產生飛躍性的成長，同時，它也可能會讓公司遭受無法挽救的傷害。

有些上司統率部屬行為的方式，是用強硬的語氣下指示，要是部屬沒達成目標或犯錯，就會大發雷霆。

這種方式雖然可以暫時提高團隊的績效，但可能會造成部屬內心鬱積不安與不滿的情緒，導致離職者增加，或是因心理健康出問題而停職等，這些狀況產生的成本最終將會拖垮公司的經營。

但我絕非主張，只要體貼部屬、受到部屬仰慕，就是好的領導者。原本可以提升業績的行為，卻因為怕部屬辛苦，不增加他的工作量，對公司來說，這樣的領導者，是比黑心上司更難察覺的風險。

一間叫肯耐珂薩（Kenexa）的人事顧問公司，每年會以全世界的企業為對象做調查，編列出「員工敬業指數」（Employee Engagement index）。員工敬業指數的數值，顯示出員工對自己的工作和公司感到自豪，以及投入工作時產生的責任感和滿足感的程度。

在所有調查的國家中，日本敬陪末座。調查結果顯示，日本企業的員工有七成對自己的工作或公司沒有留戀感、自豪感或使命感，對他們來說，工作並非心甘情願，比較像是被逼的[10]。

一直以來，日本都有重新檢討勞動狀況（比如說長時間勞動等）的聲音，但離真正實現，似乎還有一大段距離。此刻，我們需要一次巨大的變革。

10 永禮弘之，〈產生創新的組織——一人領導的極限〉，《日經商業週刊》（二〇一二年十一月十九日）。

3 性格不能決定你的領導能力，「行為」才是

接下來先讓我舉一個具體例子，再繼續往下談。

有一位上司，常被部屬認為：「這個人的自尊心好高、難以親近。」這位上司是田中先生，在某間大型公司統管國際性資源交易的部門，是預備晉升經營高層的候補人選之一。他不僅擁有豐富的專業知識，且有亮眼的實績，成為公司眾所矚目的人物。

田中先生底下有數十名部屬，每天針對世界各國的原油資源進行買賣。他的辦公室位於樓層上方的夾層，可以一覽無遺的看到所有部屬的座位。底下這些員工私底下稱他的辦公室為「上層」，他們平常的對話會說：「『上層』來了嗎？」

他的部門業績保持穩定成長，但在他升遷之前，必須克服一個難關，那就是獲得部屬的信賴。

根據公司人事部門的內部評價報告顯示，田中先生明顯沒有得到部屬的信賴。

部屬的評語都很殘酷，諸如「他只對業績和自己的升遷感興趣」、「冷淡」、「不關心部屬的工作」、「從不曾指導部屬」等。雖然這個部門的整體績效還不錯，但團隊的氣氛非常緊繃，而且員工接連不斷的離職，這也是人事部門的擔憂之處。

其實，田中先生也發覺自己不得部屬的人望，而且常為此煩惱不已。

以下是他內心的想法：

「我不擅長與人交際，是個怕生的人。所以，就算我想找部屬說話，也不知道該說什麼才好，時常語塞。每次只要我從自己的辦公室走下來，所有部屬的目光都會集中在我身上。幾十個人同時看著我，我又不知道該說些什麼話，來提振士氣或鼓勵員工……感覺我說話也只會妨礙他們工作而已。所以，可以的話，我盡量不會到『下層』去，專心做好自己的工作就好。」

從他木訥的說話態度，可以感受到他和部屬的評價恰好完全相反，是個老實人。可見雙方的誤會很深。

主管的為人常被誤解，所以要改變行為

如前述，若假設業績為Value（價值），那麼V＝Behavior（行為），這是表現「企業

即行為」這句話最單純的公式。

不管你有再棒的經營理念，擬定再完美的經營計畫或戰略，若沒有實行的動作，就不會產生業績。換句話說，**V同時也是弭平知識與執行之間的差異，進而取得勝利（Victory）的V**。

業績裡面包含了營業額、利益、創新等對公司有利的要素（V^+），除此之外也包括意外事故、經費支出，或像田中的部門面臨高離職率的問題等對公司不利的要素（V^-）。

所以說，**並非只要有行為產生，就一定會有好的結果**。至於要怎樣增加V^+的行為、減少V^-的行為，這就是領導者的任務了。

回到田中的例子。要在這個案例中，導入V^+的要素，首先，身為領導者的田中必須先改變自己的行為才行。

你不用改個性，而是改行為

由於行為分析學屬於心理學的一支，所以容易讓人誤以為應該把焦點放在田中先生怕生的個性上，但其實不是這樣的。

↓價值（Value）
V　＝　Behavior（行為）
↑勝利（Victory）

V不等於個性（Personality）。

一般我們在談論領導能力時，很容易把它和與生俱來的才能連結。但當我們把注意力集中在一個人的個性或能力等個人特質時，假如事情進行得不順利，這些個人特質就很容易成為代罪羔羊。

當業績不如預期，大家卻**只把檢討的焦點集中在上司或部屬的個性與能力上，而不去想怎麼解決問題**，在本書中，我把這種情況稱作「個人攻擊的陷阱」。

想要跳脫這個陷阱，首先要把關注的焦點，從個人特質轉移到行為上面。接著，打造一個可以喚起並持續這個行為的環境，為此，田中先生需要徹底改變看事情的角度。

依照正向行為管理的方法，這時個性怕生的他必須想出一個合適的行為，並打造出可以確實實行這個行為的環境。

一說到環境，很容易讓人聯想到「全球暖化」、「資源回收」或是辦公室的「空調」、「布置」等。但正向行為管理所說的「環境」並非這種一般性的概念，而是限定在增加或減少某種行為。

在行為分析學中，我們把這個概念稱作「伴隨性」。

改變伴隨性，行為也會跟著改變。行為分析學歸納出很多公式，可以幫助我們判斷如何改變伴隨性。

■圖表4　跳脫「個人攻擊的陷阱」的方法

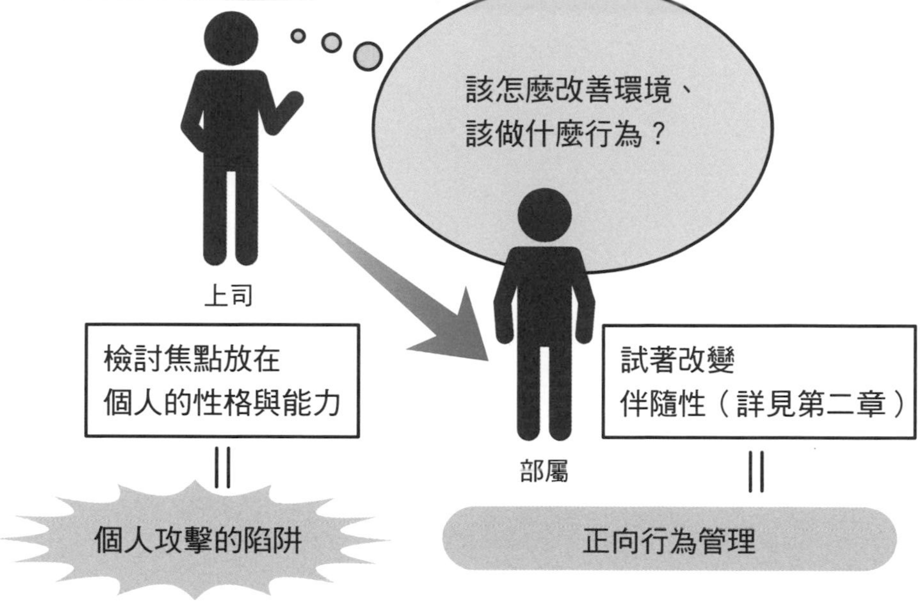

以田中先生的例子來說，不管是他或是部屬，大家對於阻礙業績提升的原因，很容易產生幾個誤解。

其中比較容易理解的是，他被誤會為一個對部屬冷淡、不關心部屬的上司。但另一個更嚴重的誤解是，他本人相信以下這件事：自己不敢和部屬說話，是因為自己怕生的性格。只要這性格不改變，狀況就不會改變。而性格是改不了的，所以狀況不會改變。

的確，性格不是說改就能改的。因為性格的定義就是「不容易因為場合或狀況而改變，亦即行為的一貫性」。

所以，田中先生誤會了一件事，那就是他相信性格是導致行為的原因。

會犯這種誤會的不只是田中先生一人，幾乎可以說世界上所有人都對此深信不疑。這就是「個人攻擊的陷阱」之所以為「陷阱」的原因。

性格不是行為的原因，而是根據你表現出來的行為傾向所做的歸納[11]。

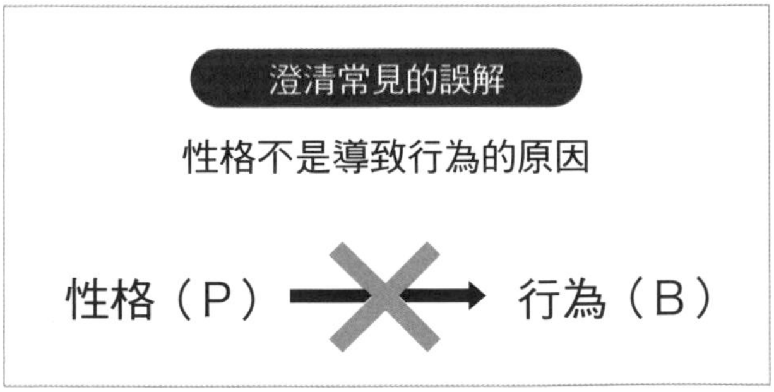

11 關於性格與行為之間的關係，詳細請參考拙作《人為什麼會遲到？從簡單的疑問思考「行為的原因」》。

4 領導者何需改變性格，行為針對核心就好

我們來看看，透過正向行為管理的改善之後，田中先生的行為發生了什麼變化。

檢視他過去的行為，他在過去數個月中，除了開會以外，從自己的辦公室走下去和部屬說話的次數大約只有兩、三次。

幾乎所有的聯絡，他都靠電子郵件搞定。若真的有事要當面談，他會把幾個組長叫到上層的辦公室。但他渾然不知，這樣的行為看在其他部屬眼裡，彷彿是校長把學生叫到校長室訓話一般。

於是，他決定找顧問諮詢，希望從改變自己的行為做起[12]。

在正向行為管理的理論中，把關注的焦點從性格移轉到行為的過程，就稱作**行為化**；從行為化的候補選項中選出最適合的行為，此過程就稱作**精準化**；被選出來的行為就稱作**標的行為**。

12 通常在高階主管培訓（Executive Coaching）中，都會提供這類的顧問諮詢服務。

經過諮詢之後，田中先生選出來的標的行為是「輕鬆自然的走到『下層』和部屬談工作上的事」。

他一開始以自己怕生、不知道該說什麼為藉口，在與顧問討論支援實行標的行為的方法時，也慢慢開始接受改變。

介入——選定標的行為，然後實施

支援實行行為的方法叫作「介入」。同時實施好幾個方法的話，就叫作「介入包」。以田中先生的案例來說，顧問為他建立以下的介入包。

1 將「誰做了什麼」視覺化

請組長每天從當天的成交案件中，找出對於提升該部門業績有貢獻的員工，並把他們的名字和業績內容列成清單，用電子郵件寄給田中先生。組長只要利用每天的報告書中的部分資料做排序，就能完成這份清單，對他們來說不過是舉手之勞。

2 將「誰坐在哪裡」視覺化

請人製作一張下層員工的座位表。只要有這份座位表和前一項提到的業績清單，他就可以走下樓梯，來到昨天工作績效良好的員工面前對他說：「○○，聽說你昨天×××的那筆訂單進行得滿順利，厲害喔！」這樣他就不用害怕不知道該說什麼了。

3 練習標的行為

在田中先生能夠輕鬆自然的和部屬說話之前，他必須不斷的練習。這有點像是企業培訓時玩的角色扮演遊戲，只是變成專為他客製化的遊戲，裡頭的標的行為與實行的場景都必須符合他的需求。

田中先生利用業績清單以及座位表，練習叫出部屬的名字，並假想各種部屬可能的反應，演練碰到各種情況時的應對方式。

他請組長們扮演各個員工，協助自己持續演練。當然，這是偷偷在田中先生辦公室內進行的祕密練習，要對其他員工保密[13]。

---

13 可以使用「行為塑造」（shaping）的方法進行訓練（詳細請參照第二章第五節）。

4 深化標的行為

他對自己的要求是，說話簡短沒關係，但最後一定要對部屬提出一個問題。而且不是隨便問問，一定要明確問到5W1H的問題（編按：即5W1H分析法，指針對原因〔Why〕、對象〔What〕、地點〔Where〕、時間〔When〕、人員〔Who〕、方法〔How〕等六個方面提出問題、進行思考）。

這個策略是為了讓部屬和自己多說一些話。當部屬提到自己在工作上遇到的問題時，以田中的專業知識之深厚，應該可以給予有用的建言。

這麼做，順便可以讓他充分練習用5W1H的發問形式。

5 記錄標的行為並將它視覺化

每天記錄實際走下樓和部屬說話的次數，然後把數據輸入電子試算表，製成折線圖，每日更新。

測量標的行為，把介入的效果做視覺化的整理，這即是正向行為管理的精髓之一。

6 強化標的行為

設定和部屬說話的目標次數，若達成，就向顧問報告，分享喜悅。

像這樣，增加行為頻率的方法就稱作強化，詳細的部分我會在下一節解說。把這些方法放進介入的各個層面，也是正向行為管理的特徵之一。

接受介入包的改善計畫之後，他的行為真的改變了。不僅如此，因為上司的行為改變，部屬的行為也跟著改變了。

聽說田中先生開始和部屬說話之後，部屬也開始會主動和他說話、問問題了。擁有高度專業知識的田中，也樂於與部屬分享自己的知識。

當部屬不需再揣測板著臉孔的上司心中的想法之後，部屬之

■圖表5　改善田中行為的介入包

標的行為

輕鬆自然的走到下層和部屬談工作上的事

↓ **介入**

① 清楚掌握對部門業績有貢獻的部屬

② 請人製作下層員工的座位表

③ 練習輕鬆自然的對部屬說話

④ 一定要對部屬提出 5W1H 的問題

⑤ 每天記錄實際走下樓和部屬說話的次數

⑥ 設定說話的目標次數，倘若達成，就與顧問分享喜悅（強化）

間的溝通也漸漸增加了。部屬的能力獲得成長、團隊的整體表現變得更好，人事部門也對這樣的成果甚感滿意。

改變的是行為，人沒變

田中先生的行為改變了，但他的性格依然和往常一樣，沒有改變。

現在他參加公司內部的活動時，遇到不認識的人，一樣不敢主動開口說話，但這不要緊。這次介入包改善的對象，本來就不包括他的整個社交生活，只要他設定的標的行為改變了就好。像這種只要改變某個地方，就能提升業績的核心點，我們把它稱作行為變化的核心點。

在田中先生的例子中，重點不在於改善他日常生活的會話能力，而是限定在提升業績、與工作相關的會話能力。

假如將目標設定為讓他能夠和部屬閒話家常，說不定反而會打斷部屬工作。他原本就是因為害怕打擾部屬，所以才不主動和部屬聊天，因此，我想這點他絕對不會接受。即使田中先生變得能夠和部屬閒話家常，對於培育部屬或增強團隊表現並無助益，所以只改變工作上的會話能力，才是最合理的決定。

假使顧問一開始就把注意力放在田中先生主張的「自己怕生的性格」上面，把目標設定為給部屬留下良好印象，並建議他練習無時無刻走到哪裡，都要面帶笑容與人打招呼，我想最後反倒不會出現這麼成功的結果。

當你「想改變某人的特定行為」時，請找出行為變化的核心點，然後決定標的行為——這個步驟非常重要，攸關結果的成敗。

延伸閱讀②——下指令要針對行為，而非成果

成果（V）和行為（B）這兩個概念一不小心就很容易混淆。我們可以透過V＝B這個公式區別這兩個概念。

舉例來說，在經營活動中，營業額或新契約的數量就是成果；開發潛在客戶、製作估價單就是行為。這是比較容易理解的部分。

但是，比如要求部屬「與潛在客戶約時間見面」和「向潛在客戶提企劃案」，又該怎麼判斷呢？

「約」和「提」都是動詞，乍看之下是行為沒錯，但這裡要注意，以這個例子來說，上司期待部屬的成果應該是「與潛在客戶約好時間」以及「向潛在客戶提出

企劃案」。

換言之，這兩個例子不是行為，應該是成果才對。

再舉一個容易理解的例子。打高爾夫球時，我們會說「推桿進洞」。這句話看起來也很像行為，但它的意思是，推桿之後，球成功進入洞中，所以應該是成果，而「用推桿推球」才是行為。

高爾夫的老手應該都知道，不管球的落點離洞口有多近，行為也不一定會帶來成果。

想要提升推桿技巧，就必須找出可以促成、導向成果的行為，然後不斷練習，直到學會這個行為。

對著約不到潛在客戶見面的部屬大聲斥責：「總之，給我約到就對了！」就等同於對著推桿失敗的初學者說：「總之把球推進去就對了！」（結果爆桿）

優秀的教練知道很多能導出成果的行為。他們會仔細觀察學生的推桿動作，然後替他找出還有改善空間的行為。除此之外，教練還會指導學生一些細節：「球打出去時，直到收桿為止，眼睛都要一直盯著球原本的位置。」（結果博蒂）

那麼，成功約到潛在客戶見面的有效行為，應該是怎麼樣的呢？

根據不同的行業、產品，接觸客戶的方法都會不同。比較通用的方法是「**告訴**

客戶，他能獲得什麼好處」。當然，你也可以做得更仔細一點：事先想好我方販售的產品能帶給對方什麼好處，並把它記錄下來。

「自己明明已經把可以獲得成果的行為告訴部屬了，但業績卻一直無法提升」，有這種困擾的上司，請先確認你是否能明確的區別成果與行為的概念，以及教導部屬的行為是否能夠導向成果。

5 死人測試與具體性測試，找出你要的行為

就像我前面提過的，性格並非行為的原因。把這兩者的因果關係搞混，是相當常見的誤解。

某個人不是因為他有「自主性」，所以才敢在會議上積極發言，或是以身作則的指導部屬。而是敢在會議上積極發言、懂得以身作則指導部屬的人，常被認為是有「自主性」的人。

至於能力也是一樣。不是因為某個人有「想像力」，所以常想得到別人想不到的東西、做出別人做不出來的東西。而是因為他做得到這些事，才被人評價為「有想像力」。

心理學的陷阱，無非就是像這樣把行為和原因的關係搞混了。

希望對方採取什麼行為，而非期待他具備某種性格

想脫離心理學的陷阱，就必須找出會被評價為「XX性」、「XX能力」的源頭行為。這時候最有效的方法，就是透過情境短片法做課題分析。做法是，具體想像並描述行為以及行為前後會發生的事情。步驟如下：

1　先選一個可以表現性格或能力的評價（形容）詞

一開始可以先以「XX性」、「XX能力」作為思考的線索也無妨，選一個你希望部屬具備的能力。

比如說，某人常常被人說「那傢伙的XX性太低了」，雖然這種看法容易陷入個人攻擊陷阱，但至少有個基準，不妨就從這一點切入。

2　選擇一個真實存在的人物

評價（形容）詞決定後，各選一個以這個標準來看、評價高和評價低的部屬。若找不到評價高的部屬，不妨先自己充當。但有一個條件不能妥協：一定要是（符合此評價）真實存在的人，因為你要觀察那個人的行為。設定這個條件，是為了避免淪為空談。

3 回想行為

當你要判斷某人有沒有「ＸＸ性」時，試著回想部屬的行為。就像在看YouTube短片一樣，盡量仔細的回想。

這部分也有一個條件不能妥協：回想的內容一定要是事實（具體行為）。必須避免「如果能這樣做該有多好」這類蘊含期望的想像。

要是回想不起來，那就實際觀察那個人的行為。

4 找出可作為評價基準的行為，並把它寫下來

從回想的畫面中，分別找出「ＸＸ性」評價高的部屬和評價低的部屬之具體行為，並把它寫下來。這時候，有兩個方法可以用來確認你寫下的行為，是不是真正具體的行為，即死人測試與具體性測試[14]。

首先，死人測試的邏輯是：死人不會做出任何行動，假如連死人都做得到的事，就不叫行為。比如說，「在會議中不發言」，這點死人也做得到，所以不是行為；「在會議中發言」才是行為。遇到這種情況，只要把「不做……」，改成「做……」即可。這就是死人測試。

把寫下來的指示拿給別人讀讀看，請別人實際做一次，就叫做具體性測試。它可以用

來確認對方認知的行為，和你透過情境短片法想像的行為是否一致。比如說，你在紙上寫下的具體行為是「積極的和團隊夥伴說話」。你用情境短片法想像的可能是，在上班時間走到正在座位上、面對電腦工作的部屬旁，問他：「怎麼樣？工作順利嗎？」但是，別人看到「積極的和團隊夥伴說話」這行字，腦中浮現的畫面可能和你不一樣，可能是中午休息時間和同事一起吃飯時，聊彼此平時的興趣與消遣。具體性測試是為了使行為化更具客觀性。大家在增加或減少部屬的某種行為時，可以透過這個方法定義行為，盡量讓所有人對此都能有一致的理解。

練習題　對理想上司的行為做課題分析

接下來，請大家實際透過情境短片法，思考以下問題。

14 關於死人測試或具體性測試，會在第二章詳細說明，並備有關於行為化的練習題，請大家挑戰看看。

問題

產業能率大學每年會針對新進員工做調查，請他們從所有藝人中，選出他們認為最理想的上司[15]。

某年，被選上的藝人大多是當紅連續劇的主角或表現亮眼的運動選手。但從選擇的理由中仍可以看出，有些人心目中理想上司的形象不受流行觀點左右，比如說「很可靠」、「很體貼」、「很公平」等特質。

我們就挑「很可靠」這個特質，作為上司行為的課題分析。

題目（想一想，寫下答案）

■理想上司的課題分析

狀況	可靠的行為	不可靠的行為
部屬來詢問工作上 不懂的地方時		
要向客戶解釋 部屬犯下的嚴重錯誤時		
部屬身體不舒服時		
部屬對上司提出 反對意見時		

首先，設定某個狀況，然後寫下可能會被評價為「很可靠」的上司行為，以及可能會被評價為「不可靠」的上司行為。

請使用情境短片法，以通過死人測試為目標，盡量做出具體的課題分析。

解答範例

請將你的答案與下表對照。

15 產業能率大學的調查報告書一覽請參閱：http://www.sanno.ac.jp/research/list.html。

■理想的上司的課題分析：解答範例

狀況	可靠的行為	不可靠的行為
部屬來詢問工作上不懂的地方時	簡單明瞭的回答	劈頭就說：「連這個也不懂。」
要向客戶解釋部屬犯下的嚴重錯誤時	說：「這都是我的責任。」	說：「這是我部屬犯的錯。」
部屬身體不舒服時	關切部屬：「還好吧，不要勉強。」	皺著臉說：「你昨晚又喝多了嗎？」
部屬對上司提出反對意見時	一邊聽一邊點頭，並把話聽完。	說「好了好了」，中途打斷部屬的話

請注意，這僅是解答的範例之一，應該還有許多不同的答案。根據狀況的不同，這些解答也有可能變得不適宜。

要注意的是，你的答案有沒有出現以下的誤答案例。

誤答案例

比如說「什麼都不說」或「置之不理」，這類答案都無法通過死人測試。

假如你的答案是「不發怒」或是「不嘲諷部屬的缺點」等不希望出現的負面行為（發怒、嘲諷），可以用（B^-）做標記。這麼一來，你在做行為化時，就可以知道應該減少哪些行為。

另外，像「體貼待人」和「擁有專業知識」也是誤答。前者必須要寫出更具體的行為。後者光有知識也沒用，假使不能把專業知識發揮在工作上或是傳授給部屬，恐怕很難被評價為理想上司。這時候應該要重新修正內容，把「狀態」修改成「行為」。

如果你不確定自己所寫的行為夠不夠具體，可以照前面說的方法，寫下來拿給其他人看，請他示範給你看。

假如你叫別人要「體貼待人」，對方卻不知道該怎麼做時，就表示這句話太抽象了。即使對方試著做出一些行為，也可能和你心中想的「體貼待人」不同，因為那是對方主觀的想法。

像這樣，你必須不斷修改內容、重複試驗，直到雙方都同意為止，這樣才稱得上是具體的描述。

延伸閱讀③——「行為」不是狀態，是所有死人不會做的事

想要培育部屬、強化團隊、提升業績，重點在於是否能夠引導出成果（V）的行為（B）。也就是找出部屬應增加的行為（B^{+}）以及應減少的行為（B^{-}）。

但話說回來，行為的定義到底是什麼？

一般人說到行為，腦中浮現的應該會是握手、微笑、說話這些動作。

就以行為分析學作為基礎的正向行為管理來說，**我們把行為定義為「所有死人不會做的事」**。

在這樣的定義下，「行為」可能是部屬在難搞的上司面前，感到緊張、忐忑不安；上司漲紅著臉對著犯錯的新人大罵；腦中浮現明天會議的進行狀況；思考設計高樓大廈所需的結構算式；想新的廣告點子；因為業務上的失誤，向顧客賠罪……這些都是死人做不來的行為。

這裡說的行為不單純只是動作，也包含感情、思考、記憶等精神活動。

相反的，死人做得到的事就不是行為。比如說，新人呆坐在辦公桌前等待指示；截止期限前，沒有提出報告書；工具使用完了，放在地上；面對顧客的抱怨一句話都沒有回應……以上都是死人可以代勞之事，所以不是行為。

想知道你期望部屬做的事和不期望部屬做的事，是否符合行為的定義，請利用死人測試確認。

要是無法通過死人測試，就試著把行為的「做／不做、有／沒有」反過來說，看能不能行得通。比如說，「截止期限前，沒有提出報告書」不是行為，因為死人別說在截止期限前了，它永遠都不可能提出報告書。這時你可以試著把「做／不做、有／沒有」反過來說，變成「截止期限前，有提出報告書」，這樣就能通過死人測試了。

但光只是把「做／不做、有／沒有」反過來說，有時還是行不通。比如說，把「面對顧客的抱怨，一句話都沒有回應」改成「面對顧客的抱怨，必須有所回應」，這樣雖然可以通過死人測試，但所謂的回應不是隨便說幾句話就有效，以標的行為來說，這個答案還不夠具體。具體來說，面對顧客的抱怨，要立刻說：「我們真的很抱歉。」

大家把「做／不做、有／沒有」反過來說的時候，不光只是把肯定或否定語意顛倒就好，還要重新審視內容。比如說「工具使用完了，放在地上」，反過來就是「工具使用完了，不要放在地上」，但這樣說還是讓人無所適從，因為聽的人還是不知道該做什麼。

面臨這種情況，就必須重新思考，找出正確答案。

這時你得先思考，你希望部屬做什麼，希望全體團隊增加什麼樣的行為。比如說，假設正確答案是「工具使用完了要放回原來的地方」，那麼標的行為就應該是「工具使用完了，放回原處」。

不過這裡還有一個問題，「原處」究竟是指哪裡，並沒有說清楚，搞不好架子上面都擺滿東西，沒有位置可放。如果真是這種情況，那就說得通了，因為這很可能就是部屬把工具放在地上的最根本原因。

當你熟悉行為化的方法後，平時對部屬下指令時，就會比以前更注意自己的說法是否有曖昧之處。比如說，上司對部屬說：「你要更細心工作。」對上司來說，這個指令再清楚不過了，但對接收指令的部屬而言，大多時候不知道該做什麼才好。即使部屬回答：「是，我知道了。」也不代表他知道該怎麼做，可能只是當下怕被上司斥責，才這麼回答而已。

為了避免這種情況，你可以試著把指示行為化，比如說：「報告書寫完之後，先印出來讀一遍，確認有沒有錯漏字，修改之後再交給我。」

這樣子，當你收到部屬的報告書時，就可以問：「自己印出來看過了嗎？」或是「自己先讀過了嗎？」具體確認每一個行為。假使部屬都有照你的指示做，一定會大幅減少錯字和漏字的情形出現。部屬的細心程度令你滿意時，再適時誇獎他：「你做得很仔細，謝謝。」

有了死人測試再加上行為化的幫助，你就能更具體的向部屬傳達你的期望。

6 不瞎忙！只聚焦可以產生成果的行為

當你慢慢習慣正向行為管理與行為分析學的思考架構以後，你對行為的敏感度就會越來越高。

比如說，下次當你看見類似田中先生的人，除了可以感受到對方怕生的性格，同時還會察覺許多具體的行為，像是「他很少主動和人說話」、「他和別人說話時，常盯著文件或電腦，不敢與對方四目相交」、「他在聽對方發言時，表情沒有任何變化、笑容也很少」。

從上述你所察覺的這些行為中，選出一個最有可能影響成果或業績的標的行為，這個過程就稱作精準化。

但要注意的是，只要有行為，就會產生成本。

例如，為了提升業績，你可能需要開很多次業務會議，或鉅細靡遺的分析POS數據（point of sale，銷售時點情報系統，是一種廣泛應用在零售業、餐飲業、旅館等行業的電

■圖表6　「精準化」的過程

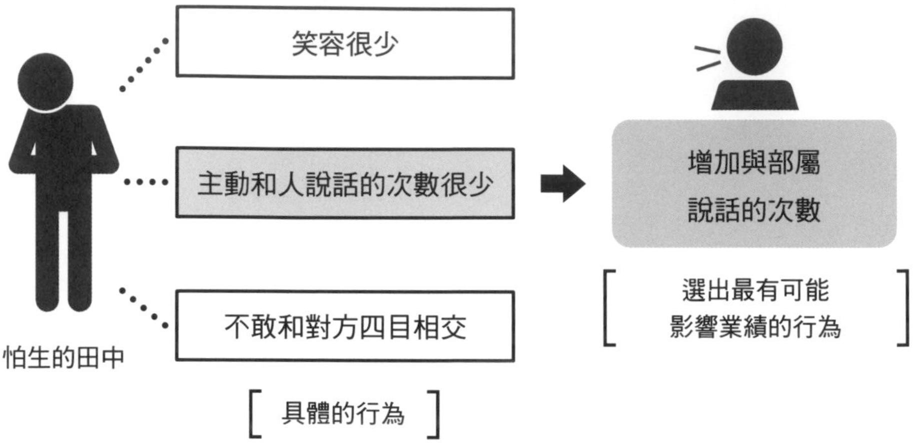

子系統，主要功能是統計商品的銷售、庫存與顧客購買行為），這些行為都會產生成本。

行為就等於投資。假如你的投資沒有獲得相應的回報，即高出成本的利潤，從管理的角度來看，你的收支就會入不敷出。

這還沒有算進機會成本的損失。當你做了某個行為（例如，出席會議），便無法做其他行為（例如，與顧客談判），可能就會錯失某個成交機會，於是就產生機會成本的損失。

換言之，V＝B這個公式，並不是說隨意增加行為就能獲得成果。你必須從部屬的各種行為中（B1、B2、B3、B4、B5……）選出可以產生成果的行為，這也是領導者身負的重任之一。

我在瞎忙嗎？

日本在邁入經濟高度成長期的時候，常可看見犧牲個人生活、為公司盡心盡力的企業戰士的身影。勤奮是日本人最珍貴的美德之一，至今我仍如此認為。但對領導者來說，勤奮有時也會產生令人意想不到的弊害。

勤奮背後的原因可能是，因為過去一直這麼做、因為上司叫我做、因為這是公司的慣例……。這種工作方式，只要還能產生成果，問題就不大。事實上，在經濟高度成長期，這種工作方式確實能奏效。但在現代，消費者的價值觀變得多樣化，社會變遷的速度也越來越快，再加上全球化時代的來臨，經營者必須和世界各地多樣的社會與文化打交道，過去的成功模式很可能會變成現在的包袱，不但無法帶來成果，還會徒增成本。

造成這種結果的原因之一就是，**越忙碌的人越能得到掌聲的社會氛圍或公司風氣**。我把它稱作**行為的陷阱**。

比方說，如果你提早完成工作、比上司和同事還早回家時，內心會產生愧疚感的話，那麼你很可能已經落入這樣的陷阱。

此外，使用電子郵件與社群軟體時也要多加注意。好好善用的話，你會發現它們是非常便利的工具。但另一方面，它們也很容易使人落入行為的陷阱。

很多時候，直接見面談事情，可以減少許多不必要的誤會。然而，一旦落入這個陷阱，你會不知不覺習慣什麼事都透過電腦與人溝通，因為你相信只要讀信、回信就可以解決的事情，絕對比起身離開座位走去找對方說話更有效率。覺得自己明明很勤奮的寫了很多電子郵件，但工作卻仍做不完的人，可以反省一下自己是不是也陷入了這個陷阱。

另外，也要多加注意避免落入研習的陷阱。

學習最新的知識固然重要，但學到的東西若無法發揮在工作上，不但無法回收參加研習所花費的時間和勞力成本，更會成為行為的不良債權。

下次舉辦研習時，你可以仔細審視該研習對於年度計畫的達成有沒有幫助，還是只是為了消化預算才舉辦的。應該盡量舉辦對於取得成果有直接幫助的活動，這麼一來，或許就可以減少這類徒勞無功的行為成本發生。

另外，**作為一位領導者，還要注意自己有沒有陷入微觀管理的陷阱。**

所謂的微觀管理，指的是上司在推動工作時，從細微處對部屬進行指示、監視和指導。事實上，只有當部屬對於某個工作環節不熟悉時，你才需要親自在一旁細心指導，一旦他學會了，就應該放手讓他去做。假如你指導了很久，部屬仍無法獨自完成某個行為，那就應該重新審視你的指導方法有沒有問題。

並不是部屬的所有工作都需要經過行為化或精準化，只有與達成預期成果相關的行為

（B），你才需要出手處理，否則只會增加過多的管理成本。

領導者的行為可以提升團隊的生產力，這個觀念很重要。我們的目標是花最少力氣去管理，達到最大限度的成果。

當預期的成果（V）遲遲無法達成時，你在做行為化與精準化之前，應該要先從「告知部屬你期待的成果為何」開始做起。你要確認你期待部屬達成的成果，和部屬認為自己要達成的成果是一致的。假如雙方認知有落差，就該確認資訊是不是有過與不足的地方，並持續溝通，直到雙方達成共識為止。

對於這個溝通過程，我整理出一套方法，稱作成果溝通公式。

當你要告知部屬你所期待的成果時，應該把對象、數量、怎麼做、做到什麼時候為止，這四項情報說明清楚。

成果溝通的四個基本項目：

（一）對象

（二）多少（量）

（三）怎麼做（質）

（四）做多久（期限）

這四項看似簡單、理所當然，但令人意外的是，很多人都做不好。根據許多研究顯示，上司只要增加上述的溝通，部屬的行為就會產生很大的改變，成果也會大幅提升[16]。

成果（V）的溝通，其實就是邁向勝利（Victory）的溝通。

16 稱作「課題澄清效應」（Task Clarification Effects）。

第 2 章

管理者必學的行為分析，與改變部屬行為的技術

1 想精準管理「行為」：用ABC法，分析伴隨性

具備有關「人的行為」的知識和技術，是身為領導者最重要的核心競爭力之一。

為什麼他要做這件事？怎樣才能使他做那件事？

不管是部屬的行為、客戶的行為、上司的行為，還是自己的行為，只要學會改變行為的法則，將會為你的工作帶來很大的幫助。

本章將詳細解說正向行為管理的基礎「伴隨性」（Contingency）的概念。

請大家回想田中先生的案例，那位自認怕生、不敢和部屬說話的上司，擔心找部屬說話會打斷他們工作，即使如此他仍下定決心，一個月至少要和部屬說上一次話。現在，讓我們使用情境短片法，想像他和部屬說話的情形。

田中先生對部屬說話的想像：

田中先生走出自己的辦公室、下樓梯，來到部屬的座位旁：「平田，A公司的

案件後來進行得怎麼樣？」

部屬平田聽到他的搭話，停下敲著鍵盤的手，一臉疑惑的轉過頭來，隨即慌慌張張的站起身。

「沒關係，坐著說就好。」他急忙阻止部屬起身。坐在附近的同事，都好奇的往這裡看。

用ＡＢＣ分析法，跳脫個人攻擊的陷阱

下面我會用圖示來說明這個例子出現的伴隨性。這個例子的「標的行為（Ｂ）」（Target Behavior）是田中先生「對部屬說話」。

標的行為發生前的狀況或事件，就稱作「先行現象（Ａ）」（Antecedents），標的行為發生後的狀況或事件就稱作「後續現象（Ｃ）」（Consequences）。

分析伴隨性的第一步，就是寫下可能影響標的行為的先行現象和後續現象，這樣的分析方式就稱作ＡＢＣ分析法。

每個後續現象後面都附上括號，標記箭頭，推測該後續現象會對將來的標的行為帶來

什麼樣的影響。

若推測會使將來該行為增加，就標記向上箭頭（↑）；推測會減少該行為，就標記向下箭頭（↓）；推測不會有影響，就標記橫線（－）；無法推測，則標記問號（？）。

那麼，要如何推測後續現象會不會影響將來的標的行為？

很簡單，只要從田中先生的描述中——比如說「部屬的工作中斷」或「其他部屬開始騷動起來」——就可以獲得推測的線索。

但是靠聆聽得來的資訊只能當作參考，因為當事者相信的事，不一定就是行為的原因。更有效的方法是，**尋找另一個會產生同樣標的行為的情況，相互比較**。

比如說，田中先生把部屬叫到自己的辦公室說話時，表現得很自然，開會的時候也是一樣。這時，我們可以透過ABC分析法分析這些狀況，與前者進行比較，如此就

先行現象（A）	標的行為（B）	後續現象（C）
田中先生需要從部屬那邊獲得資訊 田中先生走到部屬的座位旁	對部屬說話	打斷部屬工作（↓） 部屬露出疑惑的表情（↓） 其他部屬開始騷動起來（↓） 從部屬那邊獲得資訊（↑）

能比較準確的推測出後續現象會對行為產生什麼影響。

田中先生原以為自己不敢對部屬說話的原因，是自己怕生的性格，**沒想到換一個場合，他就敢說話了，可見性格並非決定性的因素。**

人一旦落入個人攻擊的陷阱，很容易陷入停止思考的狀態，根本無法思考改變行為的因素為何。這時候若使用ABC分析法推測伴隨性，就可以找出各種影響標的行為的因素。除此之外，分析者在思考該怎麼改變行為時，也比較有頭緒。

行為的強化與懲罰因素

出現在行為發生之後，而且可以增加該行為未來出現頻率的後續現象，就稱作增強物（reinforcer）；而出現在行為發生之後，而且可以減少該行為未來出現頻率的後續現象，則稱作懲罰物（punisher）。

先行現象（A）	標的行為（B）	後續現象（C）
需要從部屬那邊獲得資訊 在田中先生的辦公室以及會議室中	對部屬說話	沒有打斷部屬工作（－） 部屬沒有露出疑惑的表情（－） 其他部屬沒有騷動（－） 從部屬那邊獲得資訊（↑）

行為發生之後出現增強物，使該行為將來出現的頻率增加，就稱作強化（reinforcement）。行為發生之後出現懲罰物，使該行為將來出現的頻率減少，就稱作懲罰（punishment）。

把行為發生後加入的環境因素（增強物、懲罰物），以及它變化的方式（出現或消失）作排列組合，會出現以下四種基本的伴隨性：

下面我會以田中先生的例子來說明：

假使田中先生問部屬問題，部屬給了答案，可以預料他下次還會再去問部屬問題，這時候，部屬的資訊就是增強物[17]。與部屬說話（B）後，資訊（C）就出現，所以這是增強物出現帶來強化的伴隨性。

而部屬露出疑惑的表情以及其他部屬的騷動，則會使得他找部屬說話的行為減少，所以這兩件事都屬於懲罰物。他和部屬說話（B）時，部屬出現疑惑的表情、其他部屬出現騷動（C），這是因懲罰物出現帶來懲罰的伴隨性。

	出現	消失
增強物	強化（↑）	懲罰（↓）
懲罰物	懲罰（↓）	強化（↑）

和部屬說話（Ｂ），使得部屬的工作中斷（Ｃ），原本對著電腦工作的部屬身影消失了，這是因增強物消失帶來懲罰的伴隨性。

強化的公式： 因為增強物出現，行為頻率增加 （這稱作正向強化） 因為懲罰物消失，行為頻率增加 （這稱作負向強化或迴避的公式）	**懲罰的公式：** 因為懲罰物出現，行為頻率減少 （這稱作正向懲罰） 因為增強物消失，行為頻率減少 （這稱作負向懲罰）

看了田中先生走到部屬座位旁對部屬說話這個行為的ＡＢＣ分析就知道，強化田中先生行為的伴隨性只有一個，其他都是懲罰，難怪這個標的行為總是很難實行。

當你發現自己把問題歸結於個人的性格或能力、落入個人攻擊的陷阱時，記得趕緊一百八十度翻轉你的視角，從伴隨性找出影響行為的因素，這就是ＡＢＣ分析。

17 像這樣，根據不同的場面或狀況，想像不同的人做同樣的行為時，會有哪些先行現象和後續現象，然後再去推測標的行為，這種ＡＢＣ分析方法就稱作伴隨性的假設法。

行為顯而易見，但伴隨性可不是這樣。領導能力的關鍵，就是這些看不見的伴隨性。ABC分析法，就是把這種看不見的伴隨性「視覺化」的作業（請參照左頁的圖表）。

「改變伴隨性，行為才會改變」的法則，才是領導能力中真正的核心競爭力，它的行為公式如下：

V（業績）＝A（先行現象）×B（行為）×C（後續現象）

■圖表7　透過ABC分析，將伴隨性「視覺化」

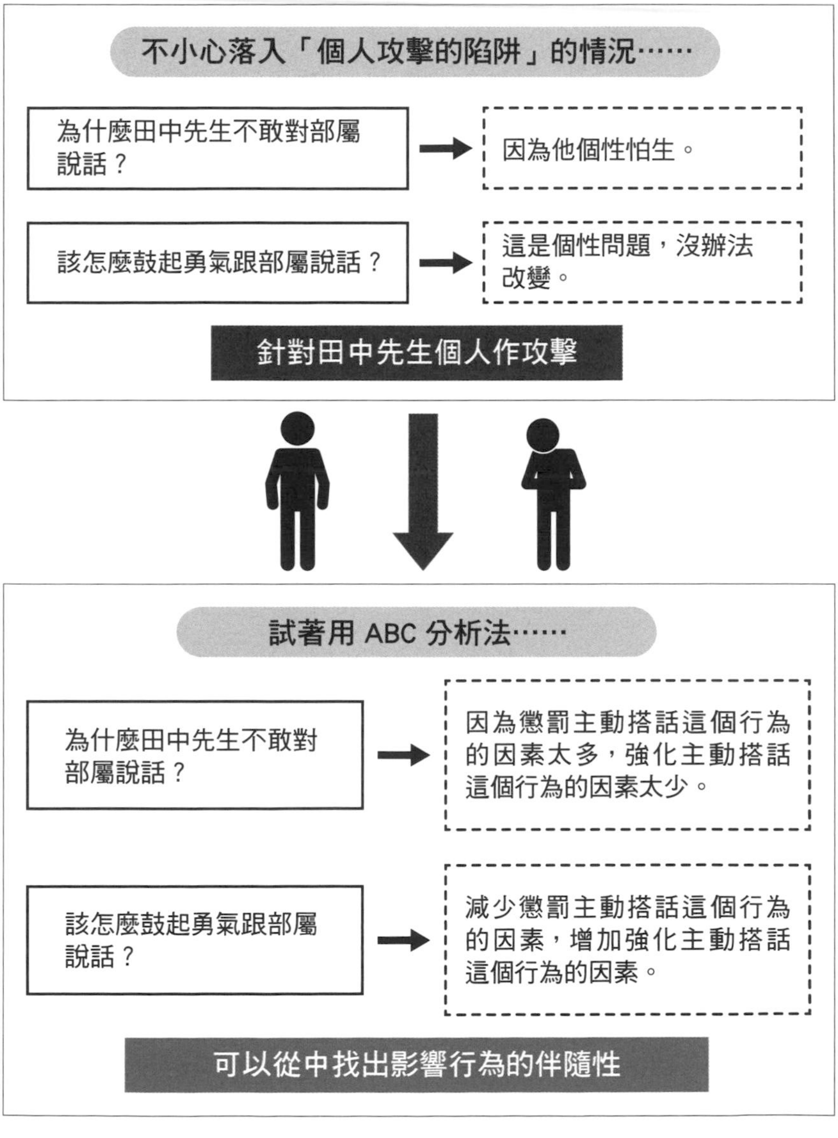
不小心落入「個人攻擊的陷阱」的情況……
為什麼田中先生不敢對部屬說話？
因為他個性怕生。
該怎麼鼓起勇氣跟部屬說話？
這是個性問題，沒辦法改變。
針對田中先生個人作攻擊
試著用 ABC 分析法……
為什麼田中先生不敢對部屬說話？
因為懲罰主動搭話這個行為的因素太多，強化主動搭話這個行為的因素太少。
該怎麼鼓起勇氣跟部屬說話？
減少懲罰主動搭話這個行為的因素，增加強化主動搭話這個行為的因素。
可以從中找出影響行為的伴隨性

2

主管總以為「部屬學會了，就會持續做好」

原本被懲罰的行為，因為懲罰因素消失，又再度被實行的狀況，稱作復原（recovery）；原本被強化的行為，因為強化因素消失，不再去實行的狀況，稱作消退（extinction）。

田中先生在自己的辦公室或會議室裡，和部屬說話都表現得很自然。如同上一節所做的ＡＢＣ分析顯示的結果，這是因為他在自己的辦公室或會議室裡，並沒有出現會懲罰主動搭話這個行為的伴隨性。這就是復原。

假設部屬平田沒有田中先生需要的資訊，也就是說，田中問他話，但他答不出來，田中先生沒有得到答案，下次當他有同樣的資訊需求時，就不太會再去問部屬平田。這就是消退。

復原的公式：
原本被懲罰的行為，當懲罰因素消失，行為的頻率又會慢慢增加。
消退的公式：
原本被強化的行為，當強化因素消失，行為的頻率又會慢慢減少。

事實上，田中先生不敢和部屬說話，還有另一個原因，就是不知道該找誰說話，以及該說些什麼。漫無目的的問話，很難得到答案，以致消退的作用減少了問話的行為。

學會做某件事，不代表就會持續去做

有些伴隨性對於行為的實行沒有幫助。

例如，有些上司參加了最近很盛行的研習或培訓課程後，變得很積極的誇獎部屬，後來也確實看到部屬的行為發生改變，為此覺得感動。但過了一陣子之後，部屬的行為可能又會回到原點，這時上司可能會覺得：「我之前是在感動個什麼勁啊，果然朽木不可雕也，一切都前功盡棄了。」

既然部屬的行為頻率增加，是因為上司的誇獎（強化的公式），那麼上司一旦停止誇獎，部屬的行為自然會退回原狀，這是很自然的道理（消退的公式）。

這就像沒給盆栽澆水，植物就會枯死一樣。從科學的角度來看，行為也是一樣。這個道理看似理所當然，但實際上大家普遍不這麼想。大家是不是也覺得，只要部屬學會做某件工作以後，即使不去管他，他也會持續把工作做好？

然而，很多諺語都鼓勵人「堅持就是力量」，可見持續特定的行為是多麼難做到的事。**這個諺語反映了一個嚴峻的現實狀況，即「沒有伴隨性，就沒有行為」**。

另外，領導者還必須釐清一個重要的觀念，即「學習」和「履行」的差別。學習是指之前不會做的事，經過學習後會做了，意即學會新的行為。履行指的則是去做已經會做的事，也就是實行會做的行為。**人即使學習了某種行為，卻不一定能履行。**

舉例來說，一個人接受高爾夫球訓練，提升了推桿的技術，但若沒有機會去打高爾夫球，這個技術就沒辦法履行。再舉個例子，即使你知道要控制澱粉的攝取量才會變瘦，但美食擺在眼前，要忍住不吃，實在很困難。

學習和履行都需要各種伴隨性配合，**假如你分不清楚這兩種觀念，就很容易陷入幻想，以為既然是部屬已經學會的事，他就理當會持續做下去。**

而且，當部屬沒有持續做時，上司就容易陷入個人攻擊的陷阱：「你怎麼這麼沒有幹勁！」

什麼是「持續的幻想」

這件事明明非做不可，部屬卻沒做；明明要持續做才有意義，部屬卻無法持續做下去。行為很難持續的原因之一就是，它的伴隨性對行為沒有影響力。

以田中先生的例子來說，他知道無論是為了自己、為了部屬，還是為了公司，他都應該多和部屬說話。因為這麼做，不但可以提升業績、栽培部屬，自己的評價也會獲得提升。沒錯，這些伴隨性原本就存在了。

業績提升、部屬成長[18]、自己的評價獲得提升，對田中先生的行為而言，這些伴隨性應該都是增強物。

照理說，增強物的出現可以增加標的行為的頻率，但現實卻非如此。所以下面那張ＡＢＣ分析的表格中，後續現象的括號內都是標記橫線（－）。

18 假設有一個按鈕每次按下去，部屬都會不斷成長（不多但很確實），那麼你會想按那個按鈕嗎？若你想按，那麼部屬的成長就是增強物。

先行現象（A）	標的行為（B）	後續現象（C）
在會議與磋商之外的場合	對部屬說話	業績提升（－） 部屬受到栽培（－） 自己的評價獲得提升（－）

後續現象要對行為產生影響，必須滿足下列這幾項條件：

1 即時性

後續現象必須在行為實行後數秒內發生。若延遲太久，強化或懲罰的力道就會大幅降低。若非得要訂一個時間標準，你就把它想成最多只能延遲六十秒。

2 語言化：將日後說成眼前

不過，後續現象的延遲，若能透過語言化補強，就能彌補它的缺陷。

比如說，你今天跟部屬要一份資料，告訴他明天中午以前一定要交，否則後天會議要提出的資料就會開天窗。像這樣，雖然伴隨性延遲了，但透過語言化的補強，仍然可以對部屬的行為產生影響。

3 「聚沙成塔型」的伴隨效果弱，要另謀補強

但田中先生的例子告訴我們，有些伴隨性即使用語言化補強，效果仍然不佳。其中之一就是，必須得不斷重複實行某個行為，才能達成的後續現象。

假如上司只對部屬說一次話，半年之後部屬的業績確實達到提升，那麼延遲的時間即

使拖到六個月之久也無妨，因為延遲並沒有妨礙到行為的實行。

但有一種情況是，即使上司每天對部屬說話，卻要等好幾個月、甚至好幾年後才能看到成果。像這種「聚沙成塔型」的伴隨性，即使以語言化作補強，你也不用對它的效力抱太大期待[19]。

4「天災總是在忘記之後來臨型」的因應對策：提高變成現實的機率

還有一個是發生機率很低的後續現象。

假設田中先生的上司對他的領導能力產生疑慮，下了最後通牒：「下次我再來看，假如你還是不和部屬多說點話，我就炒你魷魚。」

但這個上司是雷聲大、雨點小類型的人。他幾乎沒有來視察田中先生對部屬說話的情況有無改善，頂多一年只來看一次而已。

雖然「遭到解雇」是個威力強大的懲罰物，但這個伴隨性影響行為的機率卻很低[20]。

19　以日常生活的例子來說，我們都知道每天運動、吃八分飽，就能預防代謝症候群的發生，但實際上很難做到。

20　以日常生活的例子來說，我們都知道重要的文件最好每天備份，但很少人這麼做，大部分的人都會在電腦突然當機壞掉時才懊悔不已。

不管是「聚沙成塔型」的伴隨性，或是「天災總是在忘記之後來臨型」的伴隨性，它們刺激行為的理由都很清楚。然而，部屬明明知道理由，卻遲遲沒有做出行為，一直原地踏步，這正是所謂的「持續的幻想」。產生這個幻想之後，下一步就會落入個人攻擊的陷阱中。

利用公式找出能強化行為的伴隨性

持續某個行為的確很困難沒有錯，但只要知道原因，就不必害怕。

你只要排除對強化行為無用的伴隨性、補強能確實強化行為的伴隨性即可。

下面有一套公式，能把對強化行為無效的伴隨性反轉過來，也就是說，它可以幫你引導出能確實強化行為的伴隨性。

以下是整理過後的公式，請參考：

■如何找出有效果的伴隨性

即時性的公式：

伴隨性必須在行為實行之後立即發生後續現象，才會產生效果。所謂的立即是指「數秒內」。

語言化的公式：

即使後續現象延遲，只要將伴隨性透過語言化處理，依然可以發揮效力。不過必須滿足以下兩個公式。

足夠分量的公式：

每次行為的實行，後續現象發生的分量要足夠。

（聚沙成塔型的因應對策）

高機率的公式：

每次行為的實行，都要確保後續現象發生的機率夠高。

（天災總是在忘記之後來臨型的因應對策）

至此，我們談了很多ＡＢＣ分析，但它仍只停留在推測的階段。

想要驗證推測是否正確，你必須改變伴隨性，然後確認行為是不是也會跟著改變；之所以要驗證推測，是因為有時候你的推測可能是錯誤的。這時，你就要再回到ＡＢＣ分析，檢查有沒有遺漏了先行現象或後續現象，或者誤判了伴隨性的效力。

先推測行為的原因，重新擬定新的介入。導入介入之後，評價它的效果，然後再回到原因的推測，改善介入。

想要使行為的ＰＤＣＡ循環[21]運作順利，你所需要的基礎工具就是伴隨性，而設計圖就是ＡＢＣ分析。

21 計畫（Plan）、執行（Do）、查核（Check）、改善（Act）的循環也適用於行為管理。

3 都照你的意思去做？負向強化讓你累死

你是不是也曾對年輕人低落的自主性搖頭嘆氣，責備他們老是「等待指示」，不自覺的落入個人攻擊的陷阱裡？

若部屬無法獨立自主工作，你首先要確認的是，自己是不是太過依賴下指示、下命令給部屬這個「先行現象」。

若部屬懂得獨立自主工作，你則要確認他的行為有沒有發生消退（因為上司無視、不理睬）或懲罰（因為上司指出錯誤、否定他的做法）的作用。

有上述現象的職場或團隊，指示和命令都會變成懲罰物。這時，「遵從上司指示」的行為雖然會受到強化，但部屬會變成一個口令一個動作，心想總之不挨罵就行了[22]。

於是，部屬就只會在你下指示的時候才工作，其餘時間就是在等待指示，久而久之，

22 如果某個行為能阻止懲罰物的出現，該行為就會增加，這稱作迴避的公式。

他就變得不會獨立自主工作。

這就好比父母太常對小孩嘮叨，導致小孩只有在被念的時候才會用功、幫忙做家事，兩者的伴隨性結構完全一樣[23]。

有些上司，明明與部屬的行為無關，只因為自己與客戶發生糾紛或計畫進度延遲，就失去理智，把氣出在部屬身上，在這樣的團隊中，部屬的行為更容易受到抑制。

在這種團隊中，只要是會惹上司不開心的行為（與上司的意見不同調、提出風險太高的提案等等）就會受到懲罰，只要是能討上司開心的行為（站在同一陣線、一起說客戶的壞話等）就會被強化。

■損害自主性的伴隨性：懲罰和消退的例子

先行現象（A）	標的行為（B）	後續現象（C）
在職場中 面對上司 在會議中	獨立自主的工作 說出自己的意見	挨罵（↓） 遭到忽視（↓） 遭到批判（↓）

■損害自主性的伴隨性：懲罰物的出現使行為強化的例子

先行現象（A）	標的行為（B）	後續現象（C）
上司下指示 上司抱怨	遵從指示	不被責罵（↑） 不被上司抱怨（↑）

曾挨過上司罵的部屬，之後會以「不被上司指責和批判」為目的工作，而這樣的行為會因為「懲罰物消失的伴隨性」（逃避）或「阻止懲罰物出現的伴隨性」（迴避）而受到強化。**這類的伴隨性就稱作負向強化。**

負向強化也是增加行為頻率的伴隨性，但它是以挨罵、受批判為前提，所以免不了會使部屬產生不安、恐懼等負面情緒。再者，由於不挨罵、不被批判已成為他們行為的動機，他們就不太可能再提出新的提案，或是去質疑過去的習慣，即使明知上司的做法有錯，他們也不敢提出異議。因此，**負向強化不可能打造出一支強而有力的團隊。**

這種管理方式會失去培育部屬的機會

即使在不那麼黑心的職場中，還是有很多上司或指導者只關注先行現象。

即使是對工作有熱忱、會關懷部屬的好上司，也常在不自覺的情況下錯失培育部屬的機會。

陷入微觀管理陷阱（見第一章第六節）的上司，會對部屬提出過於頻繁和瑣碎的指

---

23 有時候領導者或父母並沒有這個意圖，但下屬或小孩子卻容易出現「等待指示」的情況，就是這個原因。

示，**這麼做雖然會使部屬聽命行事的行為獲得強化**，但同時也剝奪了部屬自主思考的機會。自主思考的機會被剝奪，意味著強化自主思考的機會也被剝奪，在這樣的狀況下，學習便不可能發生。

另外，身兼實務與管理的上司也常有這種毛病。**工作能力越強的人，越不願意把工作交代給部屬去做**，因為把工作交給部屬，可能會延遲、出錯，而教導部屬怎麼做又要花費許多時間。「不如自己來做比較快。」這樣的想法使得上司自己來做的行為獲得強化，把工作交給部屬做的行為受到懲罰，這樣的職場氛圍不利於培育部屬。

就提升團隊業績來說，上司自己做或許是效果最好的選擇。但這麼一來，部屬就沒有成長的機會[24]。**比較理想的做法應該是，把工作交給部屬，並階段性、有計畫的導入能強化部屬行為的伴隨性**。

可以激發創新的管理方式

請回想第一章開頭的例子：致力於挖掘諾普利的三家企業，各自採用了不同的管理方式。其中，X公司的管理方式使用了大量負向強化的伴隨性。以命令、威脅、斥責作為主要的手段。

在職場中，負向強化的伴隨性太多的話，不僅生產效率難以提升，部屬罹患憂鬱症等精神疾病、發生事故的機率也會大增。

即使部屬碰到工作上的障礙，也會因為怕惹怒上司而不敢向上呈報，使得重要的報告行為無法實行。停職的人和退休的人會越來越多，留下來的員工，其工作量也會隨之增加，因為公司可能不會補充新的人力；即使補充了，舊員工也要花時間指導新進員工，這樣的職場一定會迅速的凋零。

現在來看看Y公司的管理方式，這裡雖然看不到X公司那樣上司威脅或責罵部屬的情形，但上司的指示很多，而且一切以操作指南至上，員工必須把交代的事情做好。

部屬只要遵照上司指示、照著操作指南做事，就可以獲得上司的誇獎和認同。只要乖乖照這樣的方式工作，他們每年的薪水就會穩定調升，也不用擔心會被革職。

被誇獎、被認同、每年固定調薪，這些事情對大部分的人來說都是增強物。在這個職場裡，乖乖照規矩工作的行為，會因為這些增強物的出現而獲得強化。

這種因為增強物出現而獲得強化的現象，就稱作正向強化。Y公司採用的，就是這種正向強化的管理方式。

24 工作過度的領導者會將自己燃燒殆盡，最後不支倒下。

在以正向強化為中心的職場中工作，員工既快樂又健康，而且還能獲得一定的成就感。

若上司的指示、操作指南、公司的方針適當，又能適應商業環境的潮流，這樣的管理風格大致來講沒有太大的問題。但是當商業環境改變，競爭趨於激烈，過去慣用的**工作方式不再適用時，這樣的管理方式會變得十分脆弱。**

最後來看看Z公司，上司把工作方式完全交由員工決定，而員工完全了解公司要求什麼樣的成果，他們只要想辦法去達成即可。過程中，員工們時而同心協力，時而互相競爭，進而激盪出可以提升業績的點子。

上司的指示或操作指南，盡量控制在最低必要的程度。相反的，員工向上司提議，以及要求更改操作指南這兩項行為獲得充分強化。

對於想試用嶄新工作方式的員工，上司會仔細聆聽他的理由後，認可他去嘗試，若試用的結果卓有成效，還會和他們一同分享喜悅。

■強化保守工作態度的伴隨性

先行現象（A）	標的行為（B）	後續現象（C）
上司的指示 標準流程 過去的慣例	照慣例工作	工作順利（↑） 被誇獎（↑） 被認同（↑）

另外，上司還很樂意聽取員工的意見，而且就算心中不認同，也不會立刻表示反對，會讓他先試看看。

Z公司的管理方式也是以正向強化為主，但標的行為和Y公司不一樣——Z公司強化部屬的行為，是「創新」。

想要增強員工的自主性、激發他們的創新能力，採用以正向強化為主的管理手法可以獲得很好的效果。但更進階的做法是，盡量降低指示、操作指南以及過去的慣例等先行現象的比重，且提高後續現象的比重[25]。

強化創新的伴隨性若能向下扎根、成為公司的文化，創新本身（新的點子、產品、服務，發現、改善問題等）就會成為一種強而有力的增強物。我所謂有計畫的設計出能使行為持續下去的伴隨性，指的就是這個意思。

■強化創新的伴隨性

先行現象（A）	標的行為（B）	後續現象（C）
上司的指示 標準流程 過去的慣例	採用與過去不同的工作方式做事	工作順利（↑） 被誇獎（↑） 被認同（↑）

25 根據CLG做過的各種實驗與實踐，先行現象（A）和後續現象（C）最佳的平衡比例是一比四（請見第四章的延伸閱讀⑦，第一七九頁）。

延伸閱讀④——主管老是希望我自主，卻不讓我自主

「自主性」、「創新」這些字眼聽起來確實很吸引人。

在一些針對經營者或上司的訪問調查中，對部屬的期待這一項，自主性和創新總是榜上有名。

在職場中，通常越多員工可以獨立自主作業，公司的業績會越好，而且工作氣氛良好，會讓人產生成就感。以此作為團隊的目標，可說非常恰當。

但另一方面，在一些職場中，公司只把自主性、創新當成口號放在企業宗旨裡面，實際上並沒有這麼做。在這類的職場中，通常會區分什麼地方應該要有自主性、什麼地方不可有自主性。他們不把自主性當作應達成的目標，反而把它當作沒有達成時，以此責備部屬的理由，導致達成目標的具體對策始終不明確。

當我幫這類公司進行行為化或精準化的作業時，常發現這些上司其實**「不太清楚自己想要求部屬做什麼」**。

讓我們回想上司對「新人總是坐在辦公桌前等待指示」搖頭嘆氣的例子吧。死人可以永遠等待指示，所以它無法通過死人測試，不算行為。但光是說「不等待指示」也不夠明確，部屬還是不知道應該做什麼。

若問這些上司：「你希望新進員工做什麼？」他會回答：「**我希望他可以自動自發的工作**。」

再問他：「你是指，即使上司沒有下指示，員工仍應該主動工作？」他回答：「沒錯，我希望他自己清楚自己該做什麼。」

「可是他不是什麼事情都可以做，對吧？比如說，他能在沒有上司的許可下，突然打電話給老客戶推銷產品嗎？」

「這可不行。」

「還是說可以擬定一個不是貴部門負責的業務計畫呢？」

「這也不行。」

當一個上司連自己要部屬做什麼都不曉得時，就表示他還正在學習如何當上司。**連上司都不曉得自己期待部屬做什麼，做部屬的怎麼可能知道**。只要察覺這點矛盾，接下來就可以思考期待的內容，並把它具體的條列出來。

「好吧，那麼我們先試著列出一些清單，當新人做完上司交代的事情後，他可以自主去做哪些事情？比如說，主動詢問身為上司的你：『我手邊的工作做完了，有沒有什麼事情需要幫忙？』這樣可以嗎？」

「本來我是希望他自己可以思考應該要做什麼，不過一開始能做到這樣已經很不錯了。」

「那麼下面這個提議怎麼樣？請所有成員條列出一些對團隊有益、但礙於時間與人力限制無法進行的調查或作業，讓新人可以從中自由選擇，利用空閒的時間作業，並向你報告。」

「這個好，這馬上就可以著手進行。」

並非只要將自主性或創新設定為團隊的目標就好，還要找出可以達成這個目標的行為。自主性或創新是成果（V），只要找出並增加可以產生成果的行為（B），自然就水到渠成。

4 誇獎無法改變行為，改變「伴隨性」才行

俗語說，溺水的人連一根稻草也會緊抓著不放。同樣的比喻放在行為的問題來看，很多人是還沒溺水時就先伸手去抓稻草，結果最後還是溺水了。

以下是某間診所的護理師團隊接受的諮商內容：

在這間診所的抽血室，護理師會先讀過病歷，然後確認醫師指示的抽血檢查項目。接著，他們會將檢查項目抄錄在單據上，同時準備符合該檢查項目的抽血容器，進行抽血。問題出在抄錄單據和準備容器的作業上偶爾會出現錯誤。往往直到幾天過後驗血報告送來，護理師拿來與病歷對照之下才會發現錯誤，這時只好麻煩病人再來診所抽一次血。幸好這間診所的主要業務是健康檢查，所以不至於發生重大醫療意外。但根據他們的意外事件報告，這類的失誤每個月大約會出現一至兩次。

護理組長為了解決這個問題，導入了「雙重確認」的方法，要求每位護理師在抽血前，必須請另一名護理師核對病歷、單據以及容器是否正確。不僅如此，若透過雙重確

認、事前糾正錯誤，這些「跡近錯失事件」（near miss）將會被記錄下來。找出錯誤的護理師將在月會上受到表揚。

這位護理組長因為剛好正在研讀行為分析學，他希望可以使用正向強化，增加這樣的行為。

那麼，成果如何呢？

剛導入雙重確認措施的前兩個月，發現了三件錯誤，成功的防範未然。乍看之下，護理組長的介入是成功的。

但進入第三個月之後，雙重確認的行為仍持續進行，卻又發生漏看的情況，使意外再度發生。這是為什麼呢？

跳躍性解決策略的陷阱：誤以為誇獎部屬就能解決所有問題

正向行為管理非常重視正向強化。

上司想要強化部屬的行為有很多方法可以用，最立即有效的方式就是誇獎、感謝，使部屬獲得社會性認同。這確實是很好用的增強物，但是不是用誇獎就可以解決所有問題？沒有這回事。

誇獎部屬可以解決的，只限於因為沒誇獎而產生的問題。它可以解決這類的問題，但不能解決所有的問題。行為分析學的初學者最容易犯的錯誤，就是以為只要誇獎就能解決問題。

不去推測行為的原因，單靠直覺選一個解決策略作為介入，我把這種錯誤稱作跳躍性解決策略的陷阱。在上述診所的例子中，護理組長使用的雙重確認和社會認同這兩個正向強化的解決策略，就是很好的例子。

雙重確認確實是防止人為錯誤的常用手法，但要確實做好行為管理，還需要更多細心的事前準備。

不仰賴直覺，透過科學方法推測行為的原因

避免陷入跳躍性解決策略的陷阱，方法之一就是在開始介入前，先用ＡＢＣ分析推測有問題的行為發生的原因，然後再擬定解決策略。

以診所的案例來看，顧問先把護理師實際犯錯的案件一件一件調出來看，以看病歷、單據和容器這三個容易犯錯的項目為主，檢視護理師在犯錯的時候，這三個項目有沒有特定的排列組合關係可循。結果，顧問發現犯錯的案例果真可以找出特定的排列組合。

這家診所的檢查項目和容器都是使用記號來識別，但記號的省略方式卻因護理師而異。有些省略記號長得太像而難以判別，成為犯錯的根本原因。

犯錯的原因終於找到了，即輔助正確抽血的先行現象（A）過於曖昧不明。

解決方法就是，統一省略記號的方式，並製作操作指南。接著，不斷讓護理師練習一邊看操作指南、一邊做抄錄和識別，直到不看操作指南也能正確並迅速的判別為止。

在重複練習的過程中，錯誤減少和動作變快會變成增強物，產生正向強化的作用[26]。這種透過正向強化的練習方式，**要一直持續到重新整理過的先行現象（A）可以自動誘發標的行為為止**。

在這段時間，他們仍繼續實行雙重確認，但經過新的介入之後，再也沒有發生跡近錯失事件了。

沒有哪個維修員在噴射機尚未落地之前，聽到飛行員報告說起落架開啟不順暢，就能憑直覺猜到問題出在哪裡、知道要鎖緊哪個部分的螺絲。同樣的，也沒有哪位醫師不叫病人做血液檢查、照X光、做磁振造影檢查（MRI），光憑問診就敢做內臟切除手術。

但對於行為的改善，很多人卻可以不做檢查、分析診斷結果，光靠直覺與先前的經驗，就輕率的擬定解決策略並加以實施。會有這種現象，是因為行為科學以及相關的實踐方法尚未普及於大眾的緣故。

26 先使先行現象明確化，接著再把「變厲害」這項增強物加進行為練習中。

■圖表8　推測預防犯錯方法失敗的原因

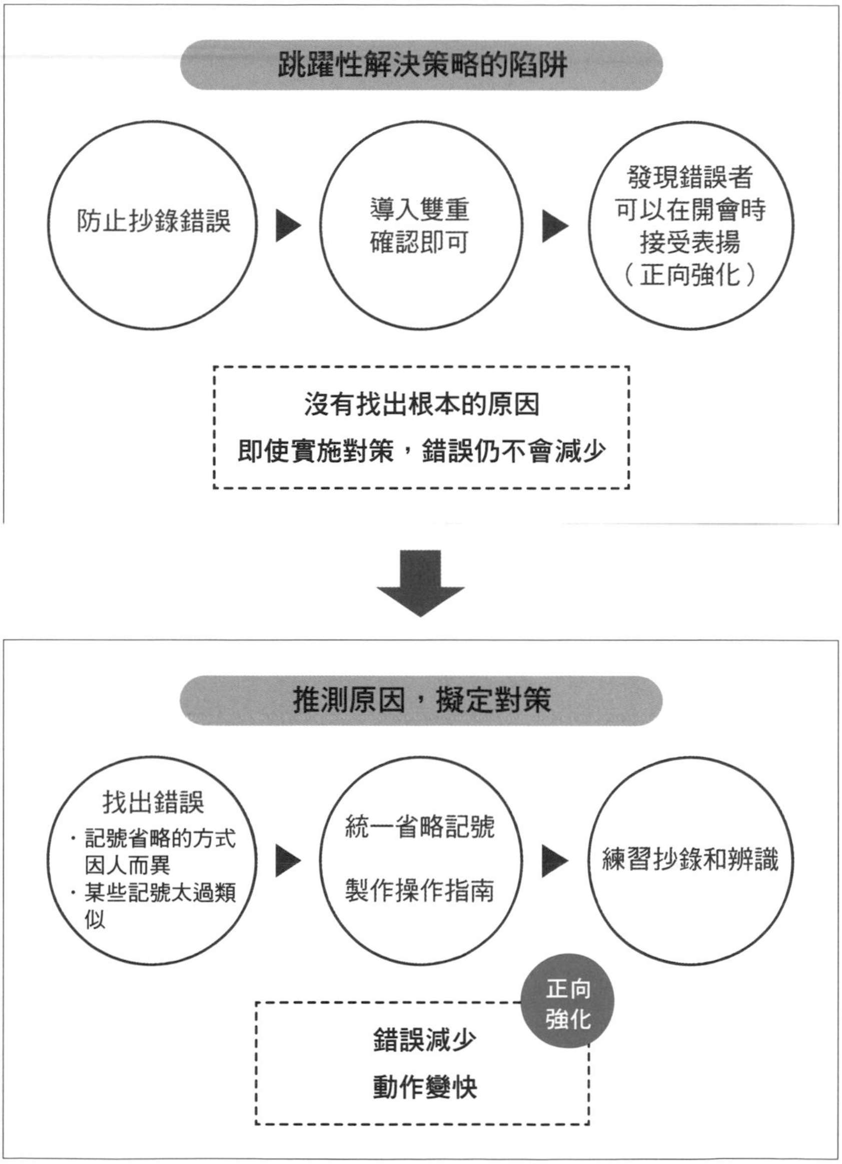
跳躍性解決策略的陷阱
防止抄錄錯誤
導入雙重
確認即可
發現錯誤者
可以在開會時
接受表揚
（正向強化）
沒有找出根本的原因
即使實施對策，錯誤仍不會減少
推測原因，擬定對策
找出錯誤
・記號省略的方式
因人而異
・某些記號太過類
似
統一省略記號
製作操作指南
練習抄錄和辨識
正向
強化
錯誤減少
動作變快

「伴隨性」沒改，行為的改變只是曇花一現

回到田中先生的案例。他因為不知道該跟誰說話、說什麼話，所以事先準備一份包含部屬名字、座位表以及業績內容的清單。只要先將先行現象的部分準備好，往後他需要資訊的時候，就知道該去找誰說話，以及說什麼話了。

現在，我們來比較一下他介入前以及介入後的伴隨性。

介入前，他和部屬說話（問錯了人）不但得不到資訊（消退），還會看到部屬愧疚的表情（懲罰），使得他還得再去問其他人（懲罰）。

介入（準備部屬的背景資料，才好問對人）之後，田中先生從部屬的回答中得到資訊（強化），部屬因為回答得出問題，所以露出笑容（強化）。問一次就得到答案，他也就不用再去問其他人了（復原）。

正向行為管理的介入，就是設計用來消除現狀與解決策略的伴隨性之間的差異。

若田中先生在這時候陷入心理學的陷阱，他或許會為了提高自己的自尊心、提升自己的社交性，不斷練習擠出笑容以及與人交談的技巧。但是他這麼做，伴隨性並不會有任何改變。

即使他參加了研習營，暫時可以鼓起勇氣、勉強自己對部屬說話，但久而久之，懲罰

和消退的伴隨性，便會使他的標的行為不斷減少。「研習的陷阱」說的正是這個意思。即使學習新的行為，只要職場中的伴隨性不變，行為的變化也只是曇花一現，沒多久就會消失。

想要讓改變後的行為持續下去，就必須改變伴隨性，使這個新行為獲得強化才行。只要改變伴隨性，行為也會跟著改變，並持續下去。

■介入前的伴隨性

先行現象（A）	標的行為（B）	後續現象（C）
需要資訊的時候	對部屬說話	無法得到資訊（↓） 部屬露出愧疚的表情（↓） 還得再去問其他人（↓）

■介入後的伴隨性

先行現象（A）	標的行為（B）	後續現象（C）
需要資訊的時候 先準備部屬姓名、座位表以及業績內容的清單	對部屬說話	可以得到資訊（↑） 部屬露出笑容（↑） 不用再去問其他人（↑）

5 別讓部屬用他的方法試試看，要用行為塑造

在田中先生的案例中，他透過角色扮演的方式不斷練習之後，說話不再結結巴巴，談吐也變得自然又順暢。他以前說話結巴的時候，或許會因為部屬露出疑惑的表情，使得對部屬說話的行為受到懲罰。

角色扮演練習是為了改善說話技巧所做的介入，但它同時還有另一個目的，那就是改變「部屬露出困惑表情」這個伴隨性。

不管是把自己的專業知識傳授給部屬，或是為了增加部屬說話機會、勤做5W1H型的發問練習，這些都是透過改變伴隨性的作戰策略，使田中先生的標的行為，在他與部屬對話的過程中自然獲得強化。

但是，**並非只要不斷重複某個行為，就會變得更厲害**，否則人人都可以成為頂尖運動員或音樂家。技巧的練習也是一種介入。我們可以使用ABC分析，設計出更有效率的練習方法。

行為塑造就是教導人學習新技巧時，非常有效的指導法。

假如你期待部屬做的行為，是他從未學過的，那麼你再怎麼耐著性子等下去，他還是不會去實行，而沒有實行，就無法強化。若鼓勵部屬：「先做做看再說！」容許他做錯，那麼你們可能要承擔許多風險，包括他因為做錯而要挨罵，或是犯下無可挽救的失誤，或自己做錯了卻不自知；最重要的是，這樣會浪費許多時間。

行為塑造就是可以迴避這些風險的方法，它可以讓你用更有效率、更快速的方式教導部屬新的行為。

在你著手教導部屬期望的標的行為之前，你要從部屬已經會的行為中，選出最接近標的行為的一個，然後強化它。你可以先降低該行為的難度，從部屬應該做得到的程度開始，若能成功，這個行為就會獲得強化。等到他完全學會後，接著再提高一點點難度，朝你期望的標的行為慢慢接近。若他又學會了，就再把難度往上調。

重複這個循環，不但可以避免部屬盲目的嘗試，還可以大量運用強化，讓部屬學會你期待的標的行為。

在田中先生的案例中，CLG的顧問決定替他加入行為塑造的訓練，作為高階主管培訓的一環。負責培訓的顧問和他商量過後，決定照以下的步驟實施。

首先，一開始就要田中先生走到部屬的座位，對幾乎從未搭過話的部屬開口，難度太高。所以他們決定先請平時會和他聊上幾句的部屬進田中先生的辦公室，讓田中先生從問他幾個簡單的問題開始。

田中先生看著教練的暗號，對部屬打招呼、問些簡單的問題。盡量選擇部屬只需回答「是」或「不是」的問題。

要是做得不錯，教練就比出ＯＫ手勢讓田中先生知道。部屬回答完問題後，他要表示感謝之意。這時教練再次比出ＯＫ手勢，完成練習。

同樣的練習完成五次之後，接著再把課題的難度往上調。

這次田中先生要練習從背後走近在座位上對著電腦工作的部屬，並對他說：「可以打擾你一下嗎？」如果田中先生可以很自然的說出口，教練就對他比出ＯＫ

■圖表9　什麼是行為塑造

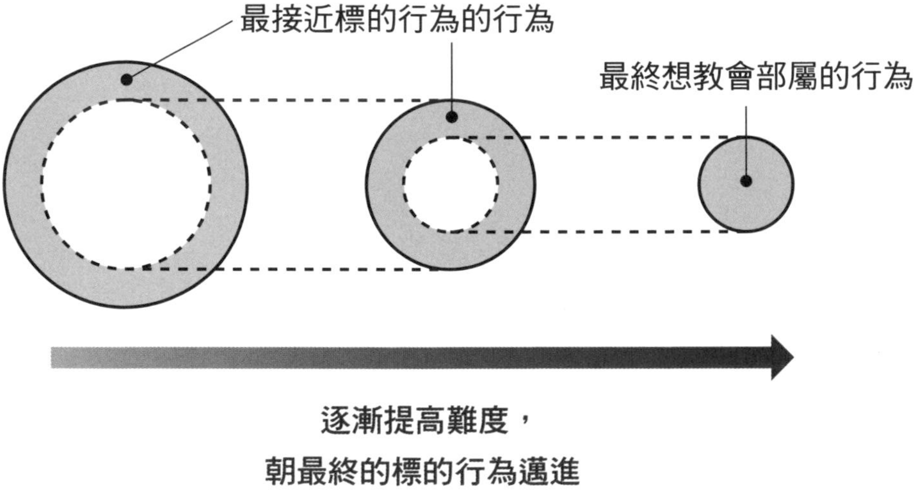

手勢。

說到這裡，我想大家應該已經發現了，教練的ＯＫ手勢就是增強物。在標的行為發生之後立刻比出ＯＫ手勢，可以強化該行為。

連續練習五次之後，接著再把課題的難度往上調。

這次練習的目標是以5W1H的形式問部屬問題。這時田中先生可能會遇到一個困難，那就是不知道該怎麼發問、問什麼，導致對話中斷。假使發生這種情況，就表示課題的難度調得太高，建議可以調降一點難度，然後再試著挑戰。

比如說，田中先生去找部屬之前，可以事先想好要問什麼，或是先寫下幾個典型的問題，做成小抄藏起來，必要時可以偷瞄一下。

像這樣，每一關ＯＫ的比率提高之後，就可以再調高難度，然後不斷重複練習，直到田中達成最終設定的標的行為為止[27]。

行為塑造是只要習慣了就能輕鬆學會的技巧，只是習慣之前，需要不斷練習。

你可以像田中這樣，請專家透過行為塑造的方法指導自己做行為練習，未來你也可以用它來指導部屬。

27　ＯＫ就代表強化成功，所以成功強化的比例又稱作強化率。行為塑造的強化率應該保持在八〇％以上。

學習者永遠是對的，會犯錯是因為伴隨性設定有問題

行為塑造的效果已經過許多研究證實，而且可以根據案例的需求，對於標的行為、步驟的劃分、步驟完成的標準做客製化的設定。但如果步驟劃分得太細，學習者容易感到厭煩；反之，若劃分得太粗略，學習者則很難獲得教練的ＯＫ手勢，對於行為的熱忱就會慢慢消退。

因此我們必須注意這一點：學習者永遠是對的。

當學習者的行為達不到ＯＫ的標準時，千萬不要責備他：「你怎麼連這種事都做不到！」、「你怎麼還搞不懂！」否則就落入了個人攻擊的陷阱。

當學習者一直做錯，或者不知道該怎麼做時，一定會透露出一些端倪，供指導者找出改善介入方法的線索。學習者的錯誤，通常起因於指導者無意中設定的伴隨性。**而學習者的錯誤就是在提醒指導者，哪些伴隨性的設定出問題了。**所以我才會說，學習者的行為永遠是對的。

■行為塑造的範例：對部屬說話

先行現象（A）	標的行為（B）	後續現象（C）
步驟一 （在辦公室）碰到比較熟的部屬時	「XXX早安。」、「A公司的資料準備好了嗎？」	教練的 OK 手勢（↑） 部屬的回應（↑）
步驟二 （在辦公室）比較熟的部屬正在工作時	「XXX早安。」、「可以耽誤你一點時間嗎？」、「A公司的資料準備好了嗎？」	教練的 OK 手勢（↑） 部屬的回應（↑）
步驟三 （在辦公室）比較熟的部屬正在工作時 ＋小抄	「XXX早安。」、「可以耽誤你一點時間嗎？」、「A公司的資料什麼時候可以準備好？」	教練的 OK 手勢（↑） 部屬的回應（↑）
步驟四 （在辦公室）比較熟的部屬正在工作時 －沒有小抄	「XXX早安。」、「可以耽誤你一點時間嗎？」、「A公司的資料什麼時候可以準備好？」	教練的 OK 手勢（↑） 部屬的回應（↑）
步驟五 （在辦公室）有不熟的部屬在場時	「XXX早安。」、「可以耽誤你一點時間嗎？」、「A公司的資料什麼時候可以準備好？」	教練的 OK 手勢（↑） 部屬的回應（↑）
步驟六 （離開辦公室的時候）碰見不熟的部屬時	「XXX早安。」、「與B公司的談判進行得如何？」	教練的 OK 手勢（↑） 部屬的回應（↑）
步驟七 （走到部屬的座位旁）部屬正在工作時	「XXX早安。」、「可以耽誤你一點時間嗎？」、「可以告訴我C公司的現況嗎？」	教練的 OK 手勢（↑） 部屬的回應（↑）

透過成果紀錄表，讓學習的進展一目瞭然

有一個方式可以客觀的評價介入過程是否順利，那就是評量並記錄標的行為的成果，再透過視覺化，把它做成表格。

以田中先生的案例來說，他製作了一張像下面這樣的紀錄表，讓人一眼就可以看出他學習的進展。

〈記錄方式的範例〉

■ 成功打○，不成功打×。

■ 同樣的步驟連續五次獲得○就可以前往下一個步驟。

■ 同樣的步驟練習十次也無法通過時，重新設計步驟。

	練習次數									
步驟	1	2	3	4	5	6	7	8	9	10
1	○	○	○	○	○					
2	×	○	×	○	○	○	○	○		
3	○	×	○	○	○	○	○			
4	×	○	×	○	×	○	○	○	○	○
5	×	○	○	○	○	○				
6	○	○	○	○	○					
7	×	×	○	○	○	○	○			

假如是更複雜的案例，或是介入的時間很長，則可以把評量的紀錄製作成折線圖，讓人一目瞭然。

如前述，透過ABC分析推測行為的原因，終究只是推測而已。你必須根據原因的推測，導入適當的介入，並記錄結果，確認行為是否隨著伴隨性的改變而產生變化，這就是假設檢驗。

假使行為並沒有照假設的推測發生變化，或者變化量不足時，你必須再回到ABC分析，重新推測原因、擬定新的策略，再予以實行。

在行為的PDCA循環中加入伴隨性分析、介入，以及記錄評價，這種援用行為分析學的科學研究方法，正是正向行為管理的特徵之一。

第 3 章

如何讓部屬（和自己）的行為精準到位

1 我怎麼知道該採取哪一個行為？

在開頭為大家介紹過的ＣＬＧ顧問公司，把（第二章提到的）正向行為管理基本工作流程，整理成ＩＭＰＡＣＴ模型。

I就是選擇目標（Identify）：選擇並決定對提升業績有幫助的重要目標。

M就是評量（Measure）：針對能幫助提升業績的重要目標做評量，可以援用既有的經營指標，也可以制定新的指標。

P就是精準化（Pinpoint）：達成Ｉ步驟選擇的目標，或選出可以改善指標的具體標的行為；行為化和精準化就是在這個步驟實行。

A就是觸發（Activate）：整理會觸發標的行為的先行現象。

C就是結果（Consequence）：整理會強化標的行為的後續現象。

T就是轉換（Transfer）：整理伴隨性，使標的行為可以應用在其他場合，並持續實行下去。

IMPACT模型不一定要照這個順序進行才行，你也可以一邊思考經營指標或標的行為，一邊進行其他部分，即使中途才發現某個對公司各部門都有利的重要目標也不要緊，這時只要改變參考指標或標的行為就好了。

又或者，即使你已經開始實行精準化過後的標的行為，只要發現與業績相關的指標沒有成長，隨時可以再重新回歸到精準化的作業。

你可以從既有的經營戰略中選擇目標（I），或從財務報表、營業報告書中挑選統計數字做為指標（M），也可以選擇重新制定一個指標。

假設提高某產品的市占率，是你們公司業務部門的目標（I）。比如說，今年競爭對手的產品市占率比前年度成長了二〇%，而你把自家公司的市占年增長率目標訂在一〇%，這時候，你必須算出達成這個目標所需的營業額，以它作為指標（M）。

接下來，你希望業務部門的部屬採取什麼行為呢？這時候你就可以開始進行行為化和精準化（P）。

練習題　爭奪市占率，區經理標的行為如何精準化

問題

你是某食品大廠的業務主管。你們家的某款零食正和競爭對手互相爭奪市占率。公司高層希望你換新包裝，設法提高該商品的銷售量。

公司在各地區都設有區經理，負責與當地的客戶——超市、超商等往來，他們是你的直屬部屬。而區經理之下，還有與零售店直接接觸的第一線業務員。也就是說，在你之下還有兩個層級。

現在，請針對各地區的區經理（非第一線業務員），應增加的標的行為進行精準化。

回答　**（想一想，寫下答案）**

提示：請回想第一章開頭登場的Z公司的管理風格……。

■圖表10　業務主管與區經理、業務員之間的關係

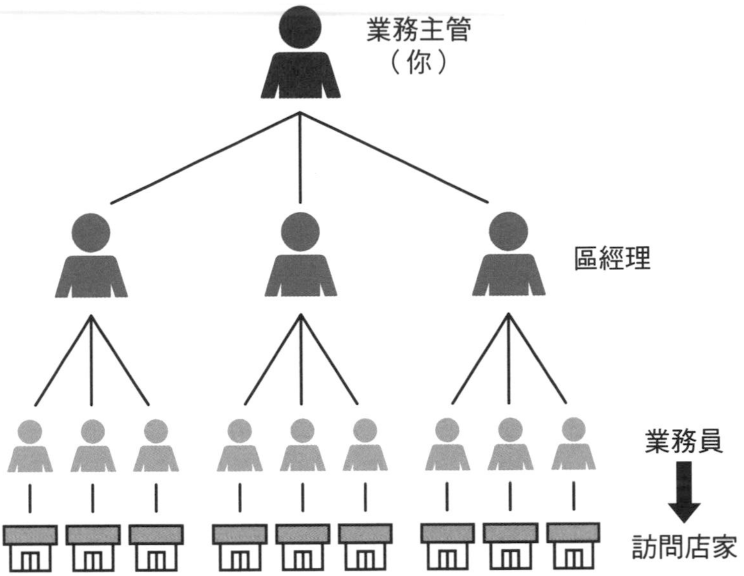

解答範例

- 針對業務員應增加的行為進行精準化。
- 記錄標的行為。
- 對實行標的行為的業務員表達認同。
- 對於無法實行標的行為的業務員，先問清楚原因，若有無法跨越的障礙，可以予以支援。

誤答案例

- 大聲激勵業務員。
- 公開每個人的業績，讓彼此互相競爭。
- 自己去訪問店家、跑業務。

解說

最困難的部分，應該是決定要增加業務員的哪些行為。如果你的目的是要區經理和業務員一起去訪問店家，然後要區經理觀察業務員與客戶的互動，並從中尋找可以改善的地方，那麼要區經理直接去訪問店家這個方針並無不妥。

身為統管區經理的業務主管，你負責的任務就是精準化和記錄，以及指導區經理，給他們建言，使區經理可以給予業務員正向的指導。假使由你來親自指導底層的業務員，那麼區經理將失去成長的機會。就算非這麼做不可，也僅止於示範，絕不能替他去做。

什麼樣的行為，可以在業務活動中獲得成果，其實在第一線拿下好成績的業務員懂得最多[28]。比如，在味滋康（Mizkan）公司得過優秀獎的超級業務員千葉仁胤曾說，「要業務製作提案資料、做簡報」這類的目標，內容太過籠統，即使最後銷售業績真的提升了，很可能只是碰巧而已。因此，設定的目標最好跟業績有直接關係，而且內容要夠具體[29]，比如說「原本一個禮拜兩次的促銷活動，增加到三次」、「不要放在一般的架上，改放在比較顯眼之處」。

在日本有線電視統籌經營公司JCOM，連續三年因為業績亮眼接受表揚的大石陽司曾說：「與其一直說服客戶裝有線電視，不如先聆聽對方的困擾，你的業績反而會比較好。」聽說他訪問客戶時，總是能和對方輕鬆的聊天、逗對方笑，並關心客戶什麼事情令他感到困擾。即使被客戶拒絕：「我們已經有光纖了。」、「我們才剛裝光纖……。」他也不會掉頭就走，而是問對方對現在使用的服務有沒有不滿意的地方，然後記下來寫成提案，回過頭來強化自家公司的服務[30]。

在詢問第一線人員的意見時，應該要注意的，是懲罰的伴隨性。比如說，你鼓勵業務員彼此之間互相競爭，那麼把提升業績的祕訣告訴別人，這個行為所產生的伴隨性就是：對自己不利、對其他同事有利。因此，把祕訣無私分享給其他人的行為將會減少。

又或者，每當業務員達成銷售目標，上司就調升目標水準，或是增加他負責的店鋪數，這也會減少上司期望的行為發生。

負責管理區經理的你，應該要監督區經理是不是做了錯誤的環境設定，若發現還有改善的空間，應立即指導他修正。

---

28 可以從業績亮眼的業務員的做法中決定標的行為，也可以選擇沒有人做過的新行為。
29〈味滋康的納豆業務員，靠著勤加拜訪和搶得先機贏得客戶的信賴〉，《日經產業新聞》（二〇一四年十月十一日）。
30〈JCOM業務員「稱讚三次，讓對方笑三次」〉，《日經產業新聞》（二〇一四年七月十日）。

練習題　開會都不吭聲。積極發言的行為怎麼產生

你希望透過業務會議聽取第一線人員的意見，但這時若沒有人肯發言，該怎麼辦？請想像以下的場景：

一家事務所召開業務會議，檢討業績無法成長的原因。經理看著週報一語不發。他身旁的課長站起來，詢問其他六名部屬：「新客戶不但沒有增加，舊客戶的訂單還減少了，原因出在哪？」

會議室裡的氣氛非常沉重，所有人低頭不語，分秒難捱。

「有沒有人有意見？」

「……」在會議中發表意見的行為瞬間減少到最低。

會議之後，經理和課長開始抱怨：

「這些傢伙真是一點都不積極。」

「不過倒是很認真，頭腦也不錯。」

「寬鬆世代嘛。」

「真傷腦筋。」

歸咎責任很簡單。即使沒有找出真正的元兇，只要對嫌犯發牢騷，一定會有人表示贊同，使得「找戰犯」這個行為很容易獲得強化，並持續下去。

但尋找戰犯的行為再怎麼增加，問題也不會因此獲得解決，反而會陷入死胡同。**想脫離死胡同，就應該把焦點擺在行為，而非人身上。**

那麼該怎麼做呢？首先，把你期待部屬做的行為寫出來。

問題

試著針對你希望部屬在業務會議中做的行為，進行行為化和精準化。

回答（**想一想，寫下答案**）

提示：注意不要陷入個人攻擊和心理學的陷阱，並提出具體而且能通過死人測試的行為。

■期待部屬在業務會議中做的行為

希望增加的行為	希望減少的行為

誤答案例

- 不發言（無法通過死人測試）
- 積極發言（請寫出具體的行為）

解說

不要使用形容性格（老實、陰險等）、態度（消極、自尊心強）、能力（簡報能力、聆聽專注度等）的字眼，而是寫下具體的行為。這時，你可以使用情境短片法（見第一章第五節）。

精準化的目的不是用來評價部屬，所以請不要加入好或壞的價值判斷，而是以事實陳述的方式條列出行為。

列出行為的時候，為了通過死人測試，請不要使用「不做〇〇」的形式，要使用「要做〇〇」的形式。舉例來說，不要寫「在會議中不

解答範例　■期待部屬在業務會議中做的行為

希望增加的行為	希望減少的行為
・表達自己的意見	・低著頭
・回答問題	（→說話時要看著對方）
・問問題	・失敗時找藉口
・無論是贊成或反對都要提出根據	（→告訴大家下次該怎麼改進）
・回應時要點頭	・沉默不語
	（→沒有意見的話就說沒有意見）

說出自己的意見」而是要寫「在會議中說出自己的意見」。因為精準化的目的就是要明確指出你希望部屬做的行為。

最後，寫下希望減少的行為之後，最好在後面寫上相對應希望增加什麼行為。比如說，你希望部屬開會時不要一直低著頭，那麼你希望他的頭怎麼擺才對，請把它寫出來（比如說「看著說話的人」）。

練習題　刪減經費省成本的行為，如何精準

問題

你是某家化學廠商的財務主管，為了因應瞬息萬變的市場，總經理指示你下個月要刪減五％的經費。你必須集結公司內所有部門的負責人，組成刪減經費小組，並領導這個小組的運作。

這間公司過去也曾試過刪減經費，但似乎無法找到可以立即大幅減少的支出項目，所以這次公司採取讓所有部門共同負擔的方式，希望可以達成全體經費刪減五％的目標，這似乎是唯一的辦法。為了解決這個問題，你必須對小組裡的成員，也就是各部門負責人的行為進行精準化。

■圖表11　刪減經費小組的結構

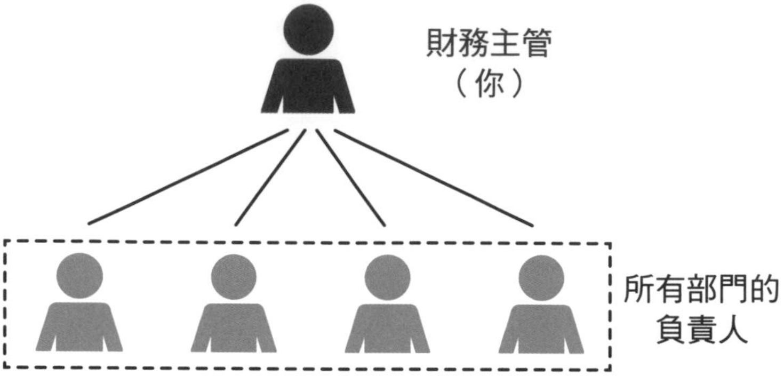

希望所有部門都能盡力完成刪減經費的目標

回答

（想一想，寫下答案）

解答範例

- 每個月與各部門執行預算的負責人開例會。
- 在會議中檢討下個月的執行預算中，哪些項目可以減額。
- 針對可能減額的項目，討論清楚由誰負責、應該做什麼，並將執行計畫寫進報告書中。
- 之後，追蹤各部門負責人執行計畫的進度。達成者給予認同，未達成者，調查原因，並擬定策略。

這裡要注意的是，不要限定刪減經費的項目或方法，以確保討論的自由度。定義每個項目時，注意定義的內容是否能透過觀察評量成效。

誤答案例

- 所有部門的原材料費一律刪減一〇％。

↓在此階段，你還無法確定這麼一刪會不會使事業停滯，下這個決定實在太過危險，最好避免。

- 重新檢討公司所有進貨的契約，以重訂契約時間作為條件，壓低採購價格五％。

↓同樣的，在這個階段，你還無法確定用什麼方法可以成功刪減經費，一開始就限定刪減方法，不僅成功機率低，同時也抑制了各部門負責人主動提出點子、並去實行的自發性行為。

解說

行為的精準化很常被誤會是微觀管理，實際上並非如此。具體的定義行為，與限制行為的每個細節，這兩者並不相同。

前面的解答範例也說過，你可以具體的定義行為，然後交由現場人員決定應該做什麼。若過程順利，你就能營造出尊重自主性的職場。

那麼什麼時候才需要定義行為的每個細節？除非上述方法進行得不順利，而且上司或公司高層很清楚知道此時該怎麼做才可以收到好的成效。

延伸閱讀⑤——用NORMS檢視標的行為

死人測試是用來確認行為化是否適切的測驗。而在CLG，用來確認精準化是否成功的測驗，就是NORMS。

在使用IMPACT模型推動PDCA循環之前，想要先確認標的行為是否足夠客觀、具體，你可以從以下五個項目判斷：

N（Not an interpretation，描述是否具體）：確認標的行為的描述是否具體，讓實行的人清楚知道自己該做什麼。

比如說，團隊在工作的時候「重視團隊合作」是很重要的目標，但作為行為的定義，還是太過曖昧。比較具體的定義應該是「團隊中有人達成目標，就對他說『恭喜』、『幹得好』」或是「對於達成團隊目標的必要工作，必須主動積極的去做」等。

此外，像「平時應建立安全意識」這個定義也太過曖昧，可以改成「進入施工現場前，必須穿戴安全鞋、安全帽、安全帶、護目鏡」，把期待的人員行為定義得更明確一些。

O（Observable，可供觀察）：確認標的行為的描述是否可供觀察。

精準化後的標的行為必須記錄下來，所以在定義的時候，要注意它是不是可供觀察（看得到），以及可以透過某個方式評量成效（可量化）。

如果不小心陷入個人攻擊的陷阱，會很容易在對方的態度與性格上做文章。這時候可以使用情境短片法，把行為定義得像是可以用來拍成影片一樣。

比如說，把「目標是成為一名有包容力的領導者」改為「聽完部屬說話，不要打斷他」，或是「聽完部屬說話後，要複述他的內容，然後至少認同他的一個論點，稱讚他『你剛提到〇〇，我覺得很不錯』」。

R（Reliable，可被客觀評價）：確認標的行為的描述是否可被客觀評價。

人事考核要做到公平，必須具備客觀性。培育部屬也是一樣。定義標的行為的時候，務必做到不管由誰觀察，都能得到同樣的評量結果。否則，就無法確定介入是否有效果。

舉例來說，某個業務團隊正擬定一個計畫，目標是提升部屬的簡報能力。

身為上司的你和組長，要部屬在你們面前展現他們平時對顧客介紹新產品的方式，可是你們覺得部屬的介紹方式太過著重於技術性，於是決定把評分項目分成「明瞭度」與「有趣度」。

接著，你們舉辦培訓課程作為介入。培訓結束後，再叫部屬重新做一次簡報，結果你和組長的評價兩極。這下麻煩了，上次的培訓到底有沒有效果？部屬的簡報能力到底有沒有提升？完全無從得知。

這時，你可以把「明瞭度」改成「開頭先說一個競爭對手的產品缺少、但我們新產品具備的特點」，把「有趣度」改成「聊一聊你在家裡使用這項新產品時，發生的趣事」，這麼一來，就可以減少評分的落差，同時也能評量培訓的效果。

M（Measurable，可供評量）：確認標的行為是否可供評量。

為了檢驗介入效果，判斷標的行為是增是減，標的行為的定義**最好是可以「數得出來」**。

比如說，把目標設定為「上司和直屬部屬頻繁溝通」，讓人根本不知道要數什麼、怎麼數。若把它改成「上司每天和直屬部屬交談一次，並請部屬簡單報告當天的工作成果」，這樣上司就可以確認已經和幾位部屬說到話，以及有幾位還沒說到話，藉此確認目標的達成度。

S（Specific，行為本身是否具體）：確認標的行為是否具體。

標的行為越具體，就越容易改變部屬的行為。

舉例來說，當你要教導部屬「遵守對顧客的承諾」時，應該具體寫明，像是：「答覆顧客問題的期限要確定並事先告知，期限訂好之後至少九成都要遵守，剩下的一成即使無法在期限內遵守約定，也要事先向顧客提出延長的請求。」接著，記錄部屬遵守期限與延長期限的次數是否符合比例，並適時給予回饋，這樣就可以確實改變部屬的行為。

NORMS模型和IMPACT模型就科學上來說，都稱不上是嚴謹的概念，各個項目之間分別有些曖昧之處。像是O（可供觀察）和M（可供評量）的概念似乎就有重疊的部分。

但正確分類條件或項目並非這個方法的主要目的，而是希望使用者透過檢視這五個項目，提升精準化的精準度。據說，顧問公司很常使用這類縮寫的名詞。而在企業中，想要推動正向行為管理，上自核心團隊、下至各部門的主管，甚至延伸到部屬，可以共同創造並使用一些共同用語，對於推動專案十分有幫助。

這些縮寫名詞的諧音不僅讓人容易記得它的概念，使用起來也方便得多。

2 部屬最常抱怨主管沒明確說。何謂明確？

許多上司在管理部屬時，最常碰到的問題就是，把一半的注意力放在部屬「不會做的事情」上面。

至於剩下一半的注意力，是不是能夠放在部屬「會做的事情上」，很遺憾，也沒有。他們會把另一半的注意力，放在思考為什麼部屬做不到，是不是跟他的能力、性格、態度有關。簡單來說，就是陷入個人攻擊的陷阱。

正因如此，當你問他：「那麼你希望部屬做什麼，或學會做什麼？」請他把期待的行為列出來，當下他大概什麼都回答不出來。

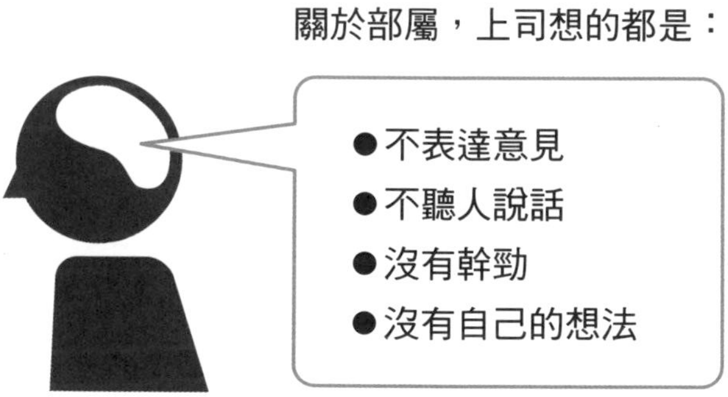
關於部屬，上司想的都是：
●不表達意見
●不聽人說話
●沒有幹勁
●沒有自己的想法

■圖表12　上司陷入「個人攻擊的陷阱」時，腦中的想法

使用成果溝通公式，明確傳達你對部屬的期望

相反的，假如能成功完成行為化和精準化的步驟，有時候部屬的行為改變之快，會讓人眼睛為之一亮。

部屬之前無法做到你期望的行為，很可能只是因為他不清楚你的期望是什麼。有時候只要把你的期望轉化為具體的行為，並清楚明瞭的傳達給部屬，他就會照你的期待去做，因為這樣實行而成功的例子並不少見。這就是IMPACT模型中「A（觸發）」先行現象的整理。

這裡指的先行現象包括上司的指示或建言、溝通的用詞、操作指南或工作流程等，促使行為發生的各種現象和事情。

比如說，當你想要告訴部屬，某件事要在什麼時間以前完成時，你可以使用成果溝通公式（見第一章第六節），明確傳達行為的對象（誰來做）、多少（量）、怎麼做（質）、做多久（期限）。

練習題　「交代」的精準化：要做到什麼程度

問題

下面列舉了幾個上司常對部屬下的指示。

請使用成果溝通公式進行改善。背景設定可自由想像。

解說

看了左頁的傳達方式，有人可能會覺得「要交代到這種地步，實在太麻煩了，我做不到」。我可以理解這些人的心情，但若**指示不明確，部屬永遠無法達到你期望的標準**，到時再來怪罪部屬工作不力，這樣不是更麻煩嗎？

再者，若細心經營這樣的溝通方式並獲得成果，身為領導者的你就等於手上多了一項利器，以後跟其他部屬溝通時，一定可以派上用場。

增加手中的管理利器，你的領導能力才會成長。

回答　■成果溝通：改善前與改善後

改善前	改善後
「盡快校正這份報告書。」 「要親切的回應顧客。」 「這份文件要再弄得整齊一點。」 「企劃案要再三斟酌後再提出。」	

解答範例　■成果溝通：改善前與改善後

改善前	改善後
「盡快校正這份報告書。」	「這份報告書請在明天中午以前校正完畢。」 （其他還有）「校正後的資料用電子郵件寄給我。」、「先用 Word 的自動校正功能檢查，沒問題再送過來。」
「要親切的回應顧客。」	「具體提出我們公司做得到的幾個方案供客戶選擇；對於我們做不到的部分，要先為造成他們的不便道歉，然後盡可能提出替代方案。」
「這份文件要再弄得整齊一點。」	「裝訂這份文件的時候，四個邊角要對齊，並用釘書機在左上角距離邊緣一公分的位置釘針，固定好。」
「企劃案要再三斟酌後再提出。」	「製作企劃案時，要先準備兩、三個方案，思考各方案的優缺點，並附上作為依據的補充資料，然後整理成一份表格，讓人可以一目瞭然的比較。」

個案研究1　精準化的先行步驟：「標的行為」要選對

上司希望部屬改變的行為不一定是正確的。

下面我要介紹一個我親身參與過的案例，那是一間專門提供居酒屋或小酒館濕毛巾的公司。

這間事務所的作業流程是，將濕毛巾送到客戶那裡，並回收使用過的溼毛巾，清洗乾淨、摺好、裝袋，再進行配送。

某天，該公司的老闆巡視清洗工廠時，發現員工服裝不整，圍裙的圍法也是各自為政，而且有些人有戴帽子、口罩，有些人沒有。

由於曾有客戶抱怨清洗完、包裝後再配送的溼毛巾裡發現毛髮，所以老闆決定訂做新的制服給員工，並強制規定他們工作時要配戴帽子和口罩。

這位老闆訂的標的行為就是「在工廠作業時，要穿制服，配戴帽子、口罩」。他請工廠廠長協助製作檢查清單、評量標的行為、製作新制服，並告知員工評量結果。**這樣的介入就稱做績效回饋**（performance feedback）。

這樣的介入確實產生很好的效果，制服、帽子、口罩的穿戴率真的提高了，但是客戶的抱怨卻沒有減少。

調查之後得知，客戶抱怨的大多不是濕毛巾混入毛髮或塵埃，而是毛巾上留有無法洗去的污漬。

污漬的產生，大多是因為店家直接用濕毛巾來擦拭桌面。若污漬無法去除，就只能丟棄。丟棄的毛巾越多，公司的利益就受到壓縮。

若想要提升公司的業績，**他們精準化的標的，應該是客戶的員工或顧客直接拿濕毛巾擦拭桌面的行為（應該減少），以及在工廠把有污漬的毛巾挑出來的行為（應該增加）。**

其實，相關的統計紀錄從以前就一直存在。因為，在該業界有一個標準化的記錄流程，可以知道這條毛巾從出廠到報廢為止重複使用了幾次。指標一直都存在，只是他們之前都只把它當作紀錄，沒有拿來運用在管理上。

為了改善這項指標，我請他們立刻組成專案小組，設定行為目標（比如說：請客戶改正濕毛巾的使用方式、分別計算每個客戶使用濕毛巾的劣化數量，把結果向經理報告等），並確認行為目標的達成度。

結果，展開新的介入後，次月的指標就明顯獲得改善。

在第一章第六節曾提到，與管理相關的行為都是成本。

上司對部屬發出指示、製作操作指南、評量和記錄標的行為的時間等等，這些都是成本。因此，即使你改變了標的行為，顯現的業績成果若無法涵蓋耗費的成本，經營便會入不敷出。

這個案例讓我重新認識到，在精準化的這個步驟，選擇一個對的、與業績相關的標的行為，是非常重要的事。

3 增強：一小時之後的肯定，都嫌太遲

有些人會說，我明明已經把標的行為精準化、把先行現象明確化了，但部屬的行為卻沒有改變。這時候你就要從伴隨性下手。

首先，做ＡＢＣ分析，推測標的行為未被實行的原因。假設是應強化的伴隨性不足，那就再追加；若是懲罰的伴隨性過剩，那就想辦法去除、緩和。

每當我到正向行為管理的研習營授課，或是提供顧問服務的時候，很常碰到有人跟我說：「我已經改變伴隨性了，但他們的行為卻一點也沒有變化。」

當我仔細問清楚狀況後才知道，原來問題出在，他們以為改變伴隨性了，但其實並沒有。這是很常發生的狀況。

比如說，某個團隊在討論營業額目標，希望把它明確化，這部分沒有問題，但當我問他們是怎麼強化的，他們的回答是：「我們設定的增強物是營業額增加，以及給予認同。」

現在，讓我們試著替他們做ＡＢＣ分析。

在研習前，這名上司常會對部屬做出不明確的指示，而且他的標的行為也沒有經過精準化，不管營業額提升或下降，他有時候會讚美或斥責部屬，有時候又沒有，前後行為不一致。

這位上司在上完研習課程之後，知道要把先行現象明確化、清楚揭示（標的行為），再把標的行為精準化（明確說出要求）。到目前為止他都做得很好，沒問題。

接著，他會稱讚達成營業額目標的部屬，進而強化標的行為。

即使如此，這個標的行為依舊沒有獲得強化。因為他的標的行為與後續現象的伴隨性，都是屬於「聚沙成塔型」或「天災總是在忘記之後來臨型」（見第二章第二節）。而且上司的認同和達成營業額目標，**必須同步進行才有效果**。

很多人以為只要設定營業額目標，「達成目標」就會

■以前的伴隨性

先行現象（A）	標的行為（B）	後續現象（C）
上司要求「提升營業額」	部屬各自採取不同的行為	營業額提升（一） 被稱讚（？） 被斥責（？）

自動成為強化物，但這是很大的誤解。**這個伴隨性是存在沒錯，只不過它是沒有效果的伴隨性**[31]。這樣子，行為根本不可能改變。

他應該使用有效果的伴隨性公式（見第二章第二節）分析原因，並使後續現象有效化。

比如說，叫部屬把精準化過後的標的行為做成確認清單，加進業務紀錄簿中，並在每天下班時，向上司報告紀錄狀況。**上司可以透過確認他每天的行為紀錄給予認同**，這樣就可以增加有效果的伴隨性。

達成營業額目標的伴隨性屬於「聚沙成塔型」，所以沒有產生效果。但上司的認同和行為目標因為同步進行，所以產生效果。除此之外，上司在指示部屬時，還可以透過語言化加強效果。除了足夠分量的公式、高機率的公式，再加上語言化的公式，這樣後續現象的有效化就算完

31 像這類的伴隨性稱作「既存伴隨性」。

■介入的伴隨性：上司的推想

先行現象（A）	標的行為（B）	後續現象（C）
上司說：「為了使營業額提高Ｘ％，讓我們做Ｙ吧。」	聆聽顧客的困擾，並提出自家公司幫得上忙的地方。	營業額提升（↑）？？ 達成營業額目標可以獲得稱讚（↑）？？

成了。

這麼一來，標的行為被實行的機率就會提高許多。

依增強物的種類以及強化的時機點，找出合適的增強物

什麼樣的後續現象可以作為增強物，強化行為？為什麼這麼問呢？因為增強物的效力會因人而異，也會受到條件和場合的影響。

當我們在檢討哪些增強物適用於職場上時，可以從增強物的種類，以及強化的時機點這兩個角度來思考。

增強物有以下這些種類：

● **物質性增強物**

包括金錢（獎金和加薪）或商品券、餐券、文具用品等小東西，或是表揚狀、獎杯等摸得到、看得到的東西。

■介入的伴隨性：修正版

先行現象（A）	標的行為（B）	後續現象（C）
上司說：「為了使營業額提高X%，讓我們做Y吧。你自己決定每天的行動目標，並向我報告。」	聆聽顧客的困擾，並提出自家公司幫得上忙的地方。 每天記錄、報告。	「做得不錯。辛苦了。」（↑） 達成營業額目標（—）

● **情報性增強物**

透過某些情報（成績、達成率、順位等）告訴對方標的行為的成果（這個情報也可以用在績效回饋）。

● **社會性增強物**

獲得上司、同事、部屬的認同、稱讚、鼓勵與笑容。

● **活動性增強物**

在職場中指定角色，或在團隊中分配任務時，分配他擅長或想做的工作給他。

● **權利性增強物**

優先選擇有薪休假日的權利、優先選擇想上的研習課程的權利、優先選擇希望異動的職位。

至於強化的時機點約略可分為兩種，一個是標的行為發生後立即強化，另一個是延遲後的強化。

所謂的立即，是指行為發生後數秒之內（即時性的公式請見第二章第二節）。所謂的延遲，是指一個小時至半天，或是一個禮拜至一個月，甚至是幾個月以後。

以上述的業務行為為例，你可以重新印一份加入檢視清單的業務紀錄簿，讓部屬實行標的行為時，可以立刻檢視清單，達到立即強化的效果。

另外，也可以讓部屬在下班時向上司報告，同時獲得上司的讚賞；雖然這屬於延遲性強化，但出現的時機點，比等到營業額目標數字出來還快。

想要使用延遲時間長的增強物時，可以在中途設定一個中繼性強化作連接，效果會更好。你可以先把與營業額目標相關的標的行為精準化，然後設計一個可以幫助部屬達成標的行為的中繼性增強物。

上司要激勵部屬，得先搞懂對方希望獲得什麼獎勵

選擇增強物時，還要避免抱持一種想法，那

■圖表13　如何使強化持續

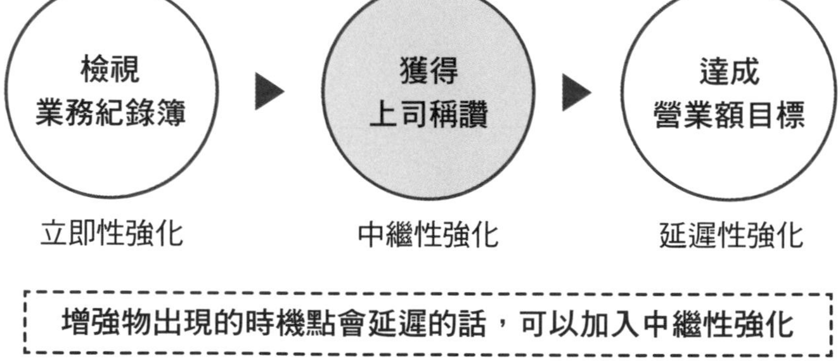

就是**自以為強化的效果很好，但實際上並非如此**。

比如說，上司的誇獎並非對每個人都能產生強化的作用。有些人不喜歡當眾被誇獎，對於這樣的人，上司當眾誇獎他，可能就不是增強物，而是懲罰物了。

再舉個例子來說，有些公司為了獎勵業績優秀者，會贈送紀念品，但我想贈送的人大部分都沒有確認過，他認為是增強物的紀念品，對受獎者來說同樣也是增強物嗎？

另外，某件事物屬於增強物或懲罰物，也會因文化而異。對於有意進軍全球市場的領導者，理解該國當地的文化非常重要。他們一定要先認識對該國文化而言，什麼樣的事物會成為增強物或懲罰物，以及這些增強物或懲罰物可以用來強化或懲罰哪些行為。

這類的觀點，他們其實可以在國內工作時就開始培養，例如練習觀察公司內每個部屬的個性。

想要迅速找出增強物，最快的方法就是直接詢問本人[32]。你可以從部屬或員工想要獲得的東西中，考慮你的預算等條件，製作出一張清單，告訴他們你可以提供的物品，讓他們從中選擇自己想要的，這是最有效率的做法。

平時謹慎細微的觀察也很重要。你可以趁著和部屬、同事、專案團隊的夥伴一起工作

32 但是要注意對方說的內容是否真的帶有增強物的作用。有時候，可能只是對方「自以為是的增強物」。

或閒聊的時候，了解對方喜歡的食物、興趣、話題，藉此找出增強物。這個做法和剛才事先詢問本人的方法不同，因為這是你花心思找出來的增強物，運用妥當的話，可以帶給對方很大的驚喜。

其中，社會性增強物是比較難運用的增強物。作為上司的你，你的笑容、聲音會對部屬的行為產生什麼樣的作用，**必須很謹慎的判斷**。比如說，如果平時部屬看到你笑，就會主動靠過來跟你說話，那你的笑容或聲音對那名部屬來說，就很有可能是增強物。

若在職場中找不到可用的增強物，你也可以自己製造增強物。比如說，要求員工們指出彼此的優點或工作上的好表現，並稱讚對方，而受到稱讚的人則要表達感謝。身為上司的你，若也能對這麼做的員工表達讚許，那麼「受到稱讚」這件事就有機會成為你們公司的社會性增強物。

透過評量與視覺化，使行為的成果一目瞭然

上述的增強物例子，都是以改變行為為目的所設計的人為性增強物，但職場中原本就存在許多該工作本身就具備的增強物。

以製造業來說，他們製作並提供對顧客的生活或工作有幫助的產品，所以顧客用得開

心，就是他們的增強物。以服務業來說，他們負責解決顧客的難題，所以使顧客的生活變得更充實、快樂，就是他們的增強物。以教育相關工作來說，兒童或學生學習新的事物，就是他們的增強物。

但是這些原本就存在於職場中的增強物，**其伴隨性幾乎都是屬於「聚沙成塔型」或「天災總是在忘記之後來臨型」**，即使腦中理解這些事，也無法為平日的行為帶來動力。

碰到這種情況，你可以評量這類增強物，看看它們會對精準化過後的標的行為產生什麼效果，然後把它視覺化，做成清單等等，如此一來，它就可以變成你一項強而有力的利器。若能搭配前述的中繼性增強物使用，效果會更顯著。

過去曾有學校請我提供諮詢服務，那時我才知道原來學校老師的勞動環境十分嚴苛。幾乎對所有的老師來說，學生的學習成果都是增強物。然而，學生的學習是屬於聚沙成塔型，很難對老師每天的指導行為帶來強化作用。

於是，我請這些老師找出一個比較能夠早點知道指導效果的方法，**然後評量學生的學習成果，並將指導效果視覺化，做成圖表**。

接下來我會直接介紹一個案例：要教導一個同時有肢體障礙與智能障礙的中學生英文，是非常困難的事，但也不是不可能。假使把教育目標設定為「文法的理解」或「語彙的充實」等抽象的項目，老師每天的指導效果就會很不明顯。因此，我教導老師怎麼把教育目標（授課中期望學生增加的行為）行為化、精準化，並將記錄下來的成果視覺化，作為授課中期望增加的標的行為。

比如說，把指導目標精準化成「老師用英語說出某個數字，學生用手指出寫著數字的卡片」，讓學生練習聽英語，選出對應的數字。

首先，做十張從一寫到十的卡片，洗牌之後選出兩張，排在學生面前。老師用英語說出其中一張的數字（例如：Three），然後請學生指出對應的卡片。

學生若指出正確的卡片就誇獎他。假使答錯了就一邊說「Three是這張」，一邊指正確的卡片給他看，然後再問一次同樣的問題。

如果不同的組合連續三次都答對了，

■圖表14　透過圖表強化老師教導有障礙的學生英文的行為

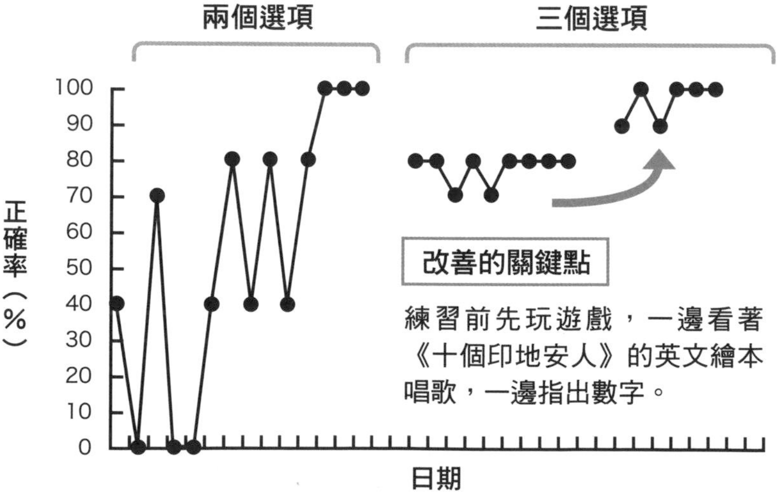

那就再增加一張牌。

每次授課大約練習十到十五次，記錄正確回答的比例，並做成折線圖。對老師來說，每次更新折線圖時，看到折線往右上方攀升就是增強物，教導學生的行為便能獲得強化。

假如學生的學習沒有進展，折線就會趨於平坦，這正好是重新檢討教材或教法的時機。折線圖過於平坦就是先行現象（A）；重新檢討教材或教法就是標的行為（B）；折線往右上攀升就是後續現象（C），如此一來，改善指導方法的行為就可以獲得強化。

透過評量以及視覺化這兩支放大鏡，可以提升學生的學習效率，使老師的指導行為獲得強化。

像這樣透過評量和視覺化這兩支放大鏡，可以把圖表的效果放大，使老師的指導行為獲得強化。**我把這個過程稱為放大鏡效果。**

在使用人為的增強物之前，應該先將原本就存在於職場或工作中的增強物作為中繼，找出使後續現象有效化的方法。

■利用圖表達到放大鏡效果的伴隨性

先行現象（A）	標的行為（B）	後續現象（C）
折線變得平坦	改善教材或教法	折線往右上攀升（↑）

延伸閱讀⑥——行為的增強因素與懲罰物，不是你說了算

本書介紹了不少CLG提供顧問諮商的方法，但或許有些讀者會對這些方法產生以下的印象：日本社會不適合採用西方理性主義的管理手法。

假如只著眼於個別的介入或步驟，這樣的第一印象有時候是正確的。事實上，確實有報告指出，遵循年功序列制（編按：為日本企業的傳統工資制度，員工的基本工資逐年隨員工的年齡和年資的增長而增加，而且增加的工資有一定的序列）與終身雇用制的日本企業，引進成果主義掛帥的人事評價制度之後導致失敗的案例。

某個方法可以成功運用在某間企業或文化圈，不代表運用在其他企業或文化圈也能奏效。

行為會隨著伴隨性而改變，而文化也是一種伴隨性。比如說，在北美地區，在眾人面前受稱讚是很好的增強物；但在日本，有些人會覺得十分羞恥，反而發揮了懲罰物的作用。

同樣的，在北美地區，即使是和初次見面的人談生意，仍然會開門見山的說話。但在日本，事前與對方建立關係才是被鼓勵的行為。

文化和公司風氣的不同，可以從某件事物是被當作增強物或懲罰物，以及什麼

「類型」的行為會受到鼓勵，看出端倪。若無視或輕視這些不同點，管理失敗的可能性非常高。

想要做到全球化，就要先注重本土化，這個觀念最近開始獲得大家的重視。在過去，進出泰國、印尼、中國等東南亞國家的日本企業，就是因為強行將日本的做法原封不動的套用在當地，才會招致當地員工的反感，引起怠工抗議。

文化對行為產生的影響，身在該文化中的人往往不易察覺。

當問題發生時，把所有過錯都歸咎於文化差異，對於找出解決方法毫無幫助。個人攻擊的陷阱也會出現在文化上，比如說「泰國人很沒時間觀念，老是遲到」，只要把個人的遲到歸咎於文化因素，對於「準時上班」的管理策略，將沒有任何改善的可能。

相對於此，**本書所介紹的領導能力公式，超越企業與文化**，可以適用於任何情況。因為行為分析學是有科學根據的理論，它的目的是找出與人類行為相關的普遍性原則。

怎樣受稱讚才會感到開心，或許是因文化或個人而異，但舉「別人認同自己的工作成績」來說，這幾乎對所有人而言都是增強物。只要增強物出現，行為就會增加，這件事是超越文化的。

換言之，領導者能否成功，關鍵在於他是否了解對部屬而言，什麼事物屬於增強物、什麼事物屬於懲罰物。他必須理解這些事物會受到文化的影響，也會因人而異，同時設法讓增強物伴隨在期望增加的行為中出現。

有心想要在東南亞推動企業本土化的日本企業，似乎都對於如何留住當地的人才感到苦惱。

升遷慢、薪水低、不平等的對待，這些不好的風評是日本企業給當地人才的印象。不過有些企業卻能擺脫這樣的惡名，比如說NTT通訊的泰國子公司（曼谷）就導入新的方法：每半年讓所有員工寫出自己想做的工作，成功讓離職者大幅減少。還有，I-GLOCAL公司（胡志明市）導入允許員工兼差的制度，成功留住優秀的人才[33]。

文化或習慣可視為行為公式的變數。身為領導者應該做的，就是深入了解它，將這個變數納入考慮，並加進公式中。

33〈日系企業的危機感，為了留住人才，必須學習亞洲式的管理〉，《日經產業新聞》（一九九四年九月二十五日）。

4

失敗就是成功的轉機：E-TIP檢驗法幫你逆轉

這個道理適用於任何地方：成功最大的祕訣就是持續做到成功為止。但有一個條件，那就是要有目標與一貫性，並且找出能將失敗化為成功的轉捩點。

正向行為管理，把最終的成功定義為業績（V），這就是目標。接著，使用行為公式，一步步往成功邁進，這就是一貫性。然後，持續評量業績與行為，將兩者之間的關係視覺化，並給予評價。當介入沒有產生效果，先確認介入是否照計畫實施。假使介入已照計畫實施，卻沒有產生效果，這時就要**重新分析伴隨性**。**這就是轉捩點**。

下面我會介紹一個CLG顧問公司用來重新評估伴隨性的工具。

利用E-TIP檢驗法，使伴隨性變有效

E-TIP是CLG以有效果的伴隨性公式（見第二章第二節）為基礎，讓人容易記

憶的簡稱[34]。此方法通過四個項目確認後續現象，檢討介入是否順利，以及如何改進：

E就是效果（Effect）：評價後續現象的行為頻率是否增加（強化）或減少（懲罰）。

以之前田中先生的案例來說，檢視伴隨性後才會發現，原來懲罰或消退的伴隨性遠遠多於強化的伴隨性。

同時，如同上一節曾提過的，你還要確認自己是不是把沒有效果的伴隨性誤認為有效。或者你以為改變了，但原本的伴隨性卻依然存在，或者漏看了懲罰物等等，這些都要一一確認。

T就是時機（Timing）：確認行為結束後，後續現象延遲多久才發生。

若延遲數秒，你就必須透過語言化的步驟（見第二章第二節），把「做了XX，會變成XX」行為與後續現象之間的關係說清楚。

延遲本身並不會產生傷害，但標的行為和後續現象的關係若不明確，伴隨性將可能無效。舉例來說，六個月後要發的獎金，它的發放基準和什麼樣的具體行為有關聯，要把基準明示出來，伴隨性才能有效化。但我想大部分的公司都沒有這麼做[35]。

I就是重要性（Importance）：判斷某後續現象對於做出行為的人有多少價值。

就像上一節提到的，要先確認是否設定了「自以為是」的增強物。即使真的是增強物，也要確認它的伴隨性是否是聚沙成塔型。

舉例來說，有某個職位負責管理所屬部門的IT相關預算，這個位子對時常更換最新型智慧型手機、使用新軟體的人而言或許是增強物，但對於不熟悉電腦的部屬來說，就是懲罰物。由此可見，顧慮、認識到個人差異與多樣性是多麼重要的事。

P就是機率（Probability）：確認後續現象在行為之後發生的機率是否夠高。

換言之，重新審視設定的伴隨性，是否屬於天災總是在忘記之後來臨型。對部屬而言，被上司稱讚或許是增強物沒錯，不過若一個月稱讚不到一次，機率太低，便無法強化行為。

只是就現實層面來說，不可能刻意大量增加稱讚的次數。不如像前面說的，追加中繼性增強物，讓部屬自行記錄標的行為，再經由上司確認、認同，或許效果會更好。

34 E-TIP和NORMS一樣，都不是嚴謹的科學性概念，只是方便用來評價伴隨性的工具。

35 日本的獎金占年收入的比例很高，大多被當作薪資的一部分，所以很難發揮提升動機的作用。

練習題　用ABC分析思考行為的原因——改善店員的臭臉

問題

上司發現交代部屬去辦的事情，部屬沒有做好，卻做了沒交代的事，忍不住對部屬怒罵：「為什麼連這種事都做不好。」這類狀況就像地雷一樣，到處都是，一不小心就會踩到，陷入個人攻擊的陷阱。

即使如此，只要平時養成做ABC分析的習慣，就能避免把問題歸咎於部屬或自己的能力、性格上，導致行為無法實行。

現在，請試著替下面這個狀況進行ABC分析，把你認為適合的先行現象和後續現象填寫進ABC分析表空格中。

某家在全國各地都有分店的超市，以計時人員的方式僱用了許多當地的家庭主婦和大學生負責收銀，而你正是管理這些員工的人。收銀人員必須面露笑容向客人打招呼：「你好，歡迎光臨。」根據調查，家庭主婦的兼職人員大多都會殷勤的打招呼，但學生的兼職人員大半不看客人的臉、面無表情，打招呼時聲音小到幾乎聽不見。

請使用ABC分析，跳脫出「現在的學生真沒幹勁」、「學生就是這樣，真沒熱忱」

這類個人攻擊的陷阱，找出改善策略。

解說

在責備打工的學生之前，先仔細觀察收銀臺的狀況，應該可以發現幾種伴隨性，或是你以為有、但實際上並未出現的伴隨性。

即使打工學生打了招呼，幾乎所有的客人都沒有任何反應，這完全符合消退的公式。

在傍晚的時段，排隊的隊伍特別長，面露不悅的客人也比較多。即使打工學生熱情的對客人打招呼，這些心情不好的客人表情也幾乎沒有變化，說不定還更不高興。這麼一來，熱情打招呼的行為就會被懲罰。

即使對學生說明打招呼的理由是「為了讓客人能開心購物」、「為了讓客人再度光臨」，但這些後續現象並不會在「面露微笑打招呼」這個行為之後立即出現。即使事後再度光臨的顧客變多，也是屬於聚沙成塔型的伴隨性，學生的打

回答（想一想，寫下答案）

■為什麼他們不露出笑容打招呼？

先行現象（A）	標的行為（B）	後續現象（C）
	露出笑容打招呼	

招呼行為無法獲得強化。

有時候，住在附近、認識這些打工學生的人會主動和他們聊天，但學生似乎很在意排在後面的客人，怕客人久等、會催促收銀動作快一點，所以對認識的人態度也很冷淡。

但超市關門後，這些學生回家時會面露笑容對店長打招呼：「辛苦了，明天見。」這表示他們並非沒有學會面露笑容打招呼的行為。

換言之，面露笑容打招呼這個行為沒有實行，是因為可以強化這個行為的伴隨性消失（消退）了，反而出現了會懲罰這個行為的伴隨性。若不改變伴隨性，即使推出再多措施、鼓勵打工學生面露笑容打招呼，效果也無法持續[36]。

想要改變行為，必須先改變伴隨性。

假如店長的認同和達成顧客服務的目標，對打工學生來說是增強物的話，就可以把這兩個伴隨性放進後續現象中。最近越來越多店鋪使用集點卡管理客戶的資訊，只要透過顧客回流率的資料，與行為目標結合使用，或許就可以達到強化的效果。

唯有一點要注意的是，這些做法只是增加伴隨性，不代表原本的消退、懲罰、聚沙成塔型的伴隨性被替換掉了。即使追加的強化型伴隨性可以使行為增加，一旦停止這些強化型的伴隨性，行為又會退回原點，如同消退公式所定義的那樣。

想要看到行為持續實行，你必須持續推動這些伴隨性。

36 這時候就必須明示出精準化過後的標的行為，做評量，然後再回饋，接著使用一些人為的增強物，補充了加強目標達成的伴隨性。

解答範例　■為什麼他們不露出笑容跟顧客打招呼？

先行現象（A）	標的行為（B）	後續現象（C）
面對客人 隊伍中出現神色不悅的客人	露出笑容跟客人打招呼	【消退】 客人沒有面露笑容回應（↓） 【懲罰】 客人的表情顯得更加不悅（↓） 【聚沙成塔型】 顧客再度光臨（—）

■介入案：怎麼做才能讓員工面露笑容跟客人打招呼

先行現象（A）	標的行為（B）	後續現象（C）
面對客人 隊伍中出現神色不悅的客人	露出笑容跟客人打招呼	【強化】 店長對打工學生說：「你今天的笑容很棒，謝謝你。」（↑） 【強化】 「昨天我隨便找個時段觀察客人在收銀臺前的表情，結果有 85%的客人都露出笑容。目標達成了！謝謝你。」（↑） 【強化】 「上個禮拜你負責的收銀臺，有 15％的客人今天又回流了。離目標 20%還差一點點，加油！」（？可能有效果）

練習題　用ABC分析思考行為的原因——讓部屬簡報時不再膽怯

問題

你是某製藥公司業務部門負責管理醫藥行銷師（製藥公司或醫療機器廠商的業務員）的上司，你底下有兩名業務，業績和其他成員比起來明顯偏低，沒有達到目標。

在每週一次的業務會議中，這兩個人每次報告進度時，總是頭低低的，說話的聲音很小、含糊不清。當你提醒他「太小聲了，聽不見」，他們會有氣無力的回答「抱歉」，然後稍微提高音量說話，但沒多久音量又會降下來。

這兩名業務專業知識相當豐富，其他成員也時常請教他們問題，看起來似乎很可靠。此外，大家也都認為他們兩人為人謙虛、品行端正。

但他們去醫院向醫師推薦新的醫藥品時，總是會犯和開會時一樣的毛病——說話聲音太小，難怪他們的業績會這麼低迷。

於是，你決定親自指導他們、提升他們的簡報技巧。你最終希望他們改善的行為目標就是，向顧客——醫師清楚明瞭的說明新藥品的特性、品質、有效性和安全性。

由於工作的關係，你無法騰出時間和這兩名業務同行，觀察他們對醫師介紹新藥品的過程。因此，你決定針對他們在公司內部業務會議上報告進度的行為，進行ABC分析。

以上，雖然情報有限，但你可以根據自身的經驗，想像各種業務會議時會發生的情況，並試著針對它們做ABC分析。

標的行為如下：用參加會議的人都聽得到的音量，說出上週業務活動的成果，以及下週的行程與目標。

解說

期望的標的行為尚未實行之前，要推測出行為的伴隨性，需要花費一番功夫，因為你必須想像這些行為發生時的狀況。

首先，你可以使用伴隨性的假設法。這個方法其實就是單純的考慮一個問題：「他現在沒有做○○，如果他做了○○會怎麼樣？」

比如說，這兩個人在開會時說話總是很小聲，假如現在

回答 （想一想，寫下答案）

■他們為何無法大聲說話？

先行現象（A）	標的行為（B）	後續現象（C）
	大聲說話	

忽然說話變得很大聲，會怎麼樣？其他員工大概都會用訝異的表情盯著他們：「他們兩個今天是怎麼了？」假使受大家矚目對他們來說是懲罰物的話，那麼標的行為就會遭到懲罰。

第二步，**透過行為的變動性來推測**，變動性指的是波動的意思。這兩個人並非任何時候講話都很小聲。當他們被罵「太小聲了，聽不見」的時候，說話的音量就會發生變化。只要觀察是什麼促使他們說話變大聲，就可以推測出行為的伴隨性。

比如說，請看以下範例解答，當他們被斥責「太小聲了，聽不見」時，雖然會開始調高音量說話，但因為他們正在報告自己沒有達到業績目標的事，因此當上司接二連三的追問：「到底怎麼回事！」、「為什麼沒有和○○先生約到時間？」，就會發揮懲罰物的功能，懲罰他們的行為。

至於說話的時候頭低低的，這也是懲罰型伴

解答範例

■他們為什麼無法大聲說話？

先行現象（A）	標的行為（B）	後續現象（C）
在開會時 被指責「聲音太小、聽不見」 目標無法達成時	大聲說話	【懲罰】 驚訝的表情（↓） 【懲罰】 「到底怎麼回事！」（↓）
	頭低低的	【強化】 不用和別人四目相交（↑）

隨性的特徵。不敢抬頭是因為「害怕看到上司和其他同事嚴肅的表情」這件事懲罰了抬頭的行為。因此，解決方法是，讓他們看著桌上的資料說話，如此就可以避免看到其他人嚴肅的表情。這即是迴避的公式。

「太小聲了，聽不見。」、「到底怎麼回事！」當這兩名業務員被這樣劈頭痛罵時，若身體緊繃、表情僵硬，很可能是受到情感波動的公式（後面我將會介紹這個公式）的影響。就像看見蛇的青蛙一樣，全身僵住，這時候你所期待的行為（用大聲但柔和、輕鬆的語氣說話）就更不可能發生了。

不改變這些伴隨性，這兩人的行為就不可能改變。

■介入方案A：改變上司和同事的行為，進而改變伴隨性的方法

先行現象（A）	標的行為（B）	後續現象（C）
在開會時 被指責「聲音太小、聽不見」 目標無法達成時	大聲說話	【復原】 笑容（↑） 【復原】 「原來如此，真是辛苦你了。」（↑）
	抬頭	【強化】 笑容（↑） 【強化】 「你下次可以試著這麼做（建議）。」（↑）

為了使因懲罰而減少的行為復原，必須想辦法讓懲罰物不在他們行為之後出現，這便是復原的公式。比如說，當他們大聲說話時，不要露出驚訝的表情，也盡量不要責備他們。

另外還有一個方法是採取完全相反的動作，那就是追加可以強化行為的伴隨性。比如說，他們一抬頭，你就對他們笑，或是不要責備他們，反而給他們建議，幫助他們達成目標。這麼一來，他們抬頭的動作應該就會增加。

只是，長年被持續懲罰的行為要復原，需要一段很長的時間，而且上司和同事的行為也必須同時改變，在現實生活中，這樣的介入方案大概很難實現，因為上司和同事露出驚訝的表情或責備這些行為本身，也因為某種伴隨性而被強化了。

在不使用懲罰物，又要使業務會議流暢進行的前提下，想要迅速改善這兩個人的簡報技巧，最好另闢途

■介入方案B：改變標的行為的方法

先行現象（A）	標的行為（B）	後續現象（C）
目標無法達成時 在開會前	清楚明瞭的整理出可以解決目前窘況的方法 先想好會被問到什麼問題，準備好答案	【強化】 「原來如此。」（↑） 【強化】 「我知道了，下次就這麼辦吧。」（↑）

徑，直接更換標的行為。

假設他們不擅長大聲說話，那就請他們事前製作清楚明瞭、有說服力的資料，然後在會議上發給大家。

若他們發言時語無倫次，會導致下次更不敢開口，陷入惡性循環。這時你可以找出哪些類型的問題會懲罰他們開口的行為，下次就可以避免再問他們類似的問題。

在會議中挨罵屬於懲罰物，假如有方法可以避免他們在會議中挨罵，他們開口說話的行為就有可能獲得強化。

而且，對他們自己來說，製作清楚明瞭的資料，也能夠為他們的業務工作帶來一定的幫助。

像這樣，其實ＡＢＣ分析也可以用來預測和評估介入方案實現的可能性。

個案研究2　要求客服兼做業務

弄錯精準化，後面再怎麼努力也是徒勞。下面介紹一個ＣＬＧ的諮商案例。

這個案例發生在某大型電信公司的客服部門。該公司為了提升業績，採取了一項標的行為，即要客服人員進行向上銷售（Up-sell）。

所謂的向上銷售，是指當顧客打電話詢問時，客服人員除了回答問題，還要建議顧客購買性能更高、價格更貴的商品或服務，達到銷售的目的。

客服人員過去從未做過類似的推銷，所以公司特別撥出很多時間和預算，替他們安排研習課程，也提供了一筆獎勵金，鼓勵達成目標的員工。

但是，他們的業績依然沒有提升。不僅如此，甚至連客服的顧客滿意度都大幅下降。在過去，這些客服人員非常重視顧客的想法，以及電話中的應對，也很尊重顧客的需求，但就連他們似乎也無法適應公司片面提出的新方針。這樣的不滿持續累積中，甚至有傳聞工會準備要發動抗議。

在這樣的危機下，CLG顧問接下了這個案子，重新改善標的行為的精準化。新的標的行為訂為「**以滿足顧客的需求為目標**，提出適合的商品與服務，作為解決策略」。這項方案和之前最大的差別在於，**客服人員即使做向下銷售（Down-sell）也能獲得獎勵**。所謂的向下銷售，指的是推薦顧客購買產品性能和價格，比現在使用的產品或服務低的策略。

此外，公司還要替客服人員安排新的研習課程，內容是練習如何問出顧客需求，以及深化商品和服務的知識，以便提出最能滿足顧客需求的選擇。這樣的目標和客服人員希望幫助顧客的心情十分契合。

根據介入的結果，該公司的業績增加了三五％，客服服務的評價也獲得提升，客服人員工作的成就感、滿意度也大幅改善。

不管是向上銷售還是向下銷售，這兩者標的行為的精準化，都能通過NORMS的測試（見第三章第一節）。

定義標的行為時，使用NORMS檢視確實很方便，可以讓標的行為變得容易評價，教導部屬時也會比較輕鬆。但若想要確實產生成果，一定還要再經過精準化的過程，選出一個能應用在經營戰術上、最妥當的標的行為。

就這個案例來看，想要選出一個作為經營戰術、最妥當的標的行為，必須考慮到這個行為對顧客來說有什麼價值（本身的需求被滿足後，獲得強化），以及對員工來說有什麼價值（顧客的需求被滿足後，獲得強化）即可。

還有一點要注意，就是介入的時候，假使從計畫的階段就請員工一同加入討論，對後來的實行助益甚多[37]。

37 遇到部屬或員工抗拒時該怎麼處理，我會在第五章詳細說明。

5 培養幫手：讓他自己找出該改善的行為

豐田汽車的品質管理方法叫作持續改善（KAIZEN），舉世聞名。

這個方法的基本原則就是，盡可能的利用數據，針對從開發、製造、販售到售後服務等所有流程，做更進一步的改善。這個方法沒有所謂的終點，是永續的PDCA循環。

正向行為管理是透過評量經營指標，以及評量精準化過後的行為指標，推動永續的PDCA循環的方法論。

負責推動這個PDCA循環的人正是領導者。因此，我們才會說領導能力就像一具革新引擎，提供革新最重要的動力。

因此，領導者不能只出任經營者或管理職，這樣是不夠的，我們還需要更多領導者幫忙改善與業績相關的行為。也就是說，公司最好多培育領導者，他們都是革新的引擎。領導者不是頭銜，而是可以發揮領導作用的人。

管理，要評量行為而非評量人

想要持續推動行為的PDCA改善循環，最重要的兩個手法就是，持續評量標的行為以及視覺化。

這裡有一點希望大家特別注意，行為（B）和人（Human）不能畫上等號。如果弄錯觀念，就會把評量行為看作是在評量人，與人事考核混為一談。

推動行為的PDCA循環和人事考核不一樣，光是半年實施一次或一年實施一次根本不夠，作用也不大。因為這樣的做法既無法發現可以產生成果的有效行為，也無法針對平時的行為賦予動機。

下面，我以維持健康的行為作為例子，為各位說明。

大家都知道，想要維持健康，最重要的是控制暴飲暴食的習慣、適度運動以及充足的睡眠。但現代人每天生活忙碌，真正能做到的人少之又少。

員工的健康也是影響公司業績的重要因素。員工可能會因為文明病或精神疾病而缺勤、離職，這樣的員工一多，公司的生產力就會降低，支出費用也會提高。

根據日本的規定，事業主有義務出錢讓旗下員工每年進行一次健康檢查。從量身高體重、血液檢查到內視鏡檢查等，員工可以透過各種檢查得知自己的身體狀況。

對個人來說，這些數值（比如說衡量肥胖度的BMI或衡量肝功能的GOT等）就如同公司衡量結算績效的指標。

從二〇〇八年開始，還多了特定健康檢查以及特定保健指導，也就是所謂的「代謝症候群健檢」。檢查結果顯示為高風險族群的人，要接受飲食生活、運動等改善生活習慣的保健（行為）指導。

假設負責保健指導的人誤以為行為（B）＝人（H），會變成什麼狀況？

這時候問診的重點，就會變成評量就診者平時的生活習慣與態度。但就診者自己可能也有自覺，問題是出在自己無法控制暴飲暴食、沒有適度運動以及充足的睡眠。

明明對正確的生活習慣與態度有自覺，卻沒辦法實行，這才是問題所在。這就是前面說過的，知識與行為的落差（見第一章第二節）。

誤以為行為（B）＝人（H）的評量方式

請問你：

■ 平時有運動的習慣嗎？

■ 你認為健康很重要嗎？

■ 平常會節制飲食嗎……。（用是、否即可回答，不具體）

順帶一提，關於保健指導，國家認可的介入方式，正是本書介紹的正向行為管理。也就是決定出一個對維持健康有益、具體的標的行為，並記錄成效，整理出可以強化實行的伴隨性[38]。

比如說，以體重作為目標指標，記錄每日的運動量當作中繼指標（例如慢跑三十分鐘得五分，仰臥起坐二十下得兩分）。把每天的體重和得分，記錄在筆記本上。

但光這麼做，還是不夠。

將行為評量的結果視覺化，看清變動與趨勢

即使把標的行為精準化，也記錄了，但還是需要視覺化，否則無法透過PDCA循環做進一步的改善。因為行為和中繼指標的數據，是隨著時間發生變化的時序性資料，而時序性的資料一定要掌握它高低起伏的變化，否則無法對它做出評價。

比如說，體重和行為指標每天都會發生變化。雖然從筆記本上的紀錄，可以得知今天的體重比昨天增加多少，但因為每天的變化不大，看久了就沒什麼感覺了。

38 想要降低風險，可以從兩個層面提供支援：「積極的支援」和「賦予動機的支援」。

像這種情況，即使你每天都有測量，只要一不注意，體重馬上就會來到非短時間內可回復得了的狀態。

請看下面的折線圖。橫軸是日曆上的日期，縱軸是當天的體重。

A時期體重的變動比較大，有時增加、有時減少。假設這個人固定每天洗完澡後才會站上體重計，看到上面的數字時心想「變重了」、「變輕了」，由於狀況時好時壞，久而久之就對這種變動方式感到習慣。

到了B時期，變動越來越小，但從圖表來看就知道，體重有慢慢增加的傾向。

相反的，如果只站上體重計，沒有做成圖表，很難察覺B時期比A時期的變動小很多，以及體重慢慢增加的趨勢。而且當他察覺體重過重時，通常已經增加到短時間內無法回復的

■圖表15　體重增加的例子：把時序性的資料視覺化，避免發現問題時為時已晚

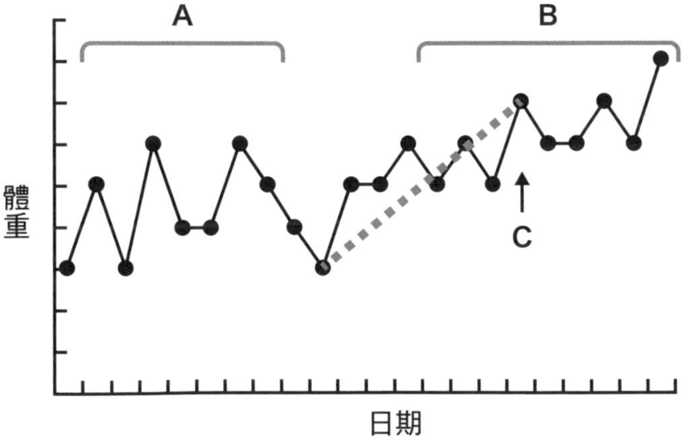

程度（B時期的最後一天）。

記錄行為就要像這樣視覺化，橫軸表示時間，縱軸表示標的行為或中繼指標，做成折線圖，並且每天更新。除此之外，還可以在某兩個日期之間加入輔助線，便可看出某段時間內的趨勢。

以範例圖表來說，只要畫出圖表，將行為視覺化，就可以發現體重在C的時間點有增加的趨勢，這時候踩煞車應該還來得及。

領導能力的哥白尼式革命

到目前為止，本書介紹了許多對領導者有幫助的行為公式，以及透過這些公式管理部屬行為的方法。

這種堪稱哥白尼式的觀念若能成功轉換，不只是有能力的員工，全體員工都能擁有像領導者一樣的工作氣勢。

所以說，**領導能力不是才華或人格，而是技巧**。

下一章，我會解說如何培育出能夠發揮這種全新領導能力的領導者。

個案研究3 時薪人員也能學會領導

只要是與業績相關的行為，都需要領導者的領導能力引領。

下面這個案例是我親自參與過的，對象是一群擔任兼職計時人員的家庭主婦，這間公司的業務是承包客戶的會計工作。

我採用的方法是參與型管理。所謂參與型管理，指的是**讓員工自己決定標的行為，以及強化標的行為的方式**。

我建議的做法是，請這四名計時人員在月會上提出提高工作效率的方法，和大家一起討論，並設定當月的行為目標。

這四人都是打理家庭生活的家庭主婦，其中兩人是做了五年的老手，剩下的兩人是進這行未滿一年的新手。

他們的達成指標選用該公司過去使用的指數，也就是針對每家客戶企業所花費的時間和收費所求出的利益率，一．〇以上為盈，一．〇以下為虧。

他們請這家公司的老闆，選出幾家與之做生意賠錢（花太多時間替客戶做帳，導致公司不敷成本）的客戶企業，把這些案子交給他們，目標設定為將這些客戶的案子轉虧為盈。他們也討論出強化行為的方法了，假如當月行為目標達成率超過七〇%的話，公司會發兩千五百塊獎金給他們[39]。

推動這套改善行為的PDCA循環的工作，也是由這四個計時人員自己來做，包括自己決定標的行為、做紀錄，還有把行為目標的達成度，配合達成指標做出視覺化的資料。

結果，所有他們經手的案子，全都由虧轉盈。行為目標的平均達成率達到八五%。

扣掉獎金，他們一年還為公司增加了八十五萬日圓（編按：約二十八萬新台幣）的利潤。

並非只有課長、股長、組長或部長才是領導者。

領導者不光由頭銜決定，應該著眼於這

39 還有另一個方案是調高薪水，但由於稅制上對兼差收入認定的關係，很多計時人員的薪水一調高就很容易超過標準，所以選擇了發獎金的方案。

■圖表16　使用參與型管理改善業績的案例

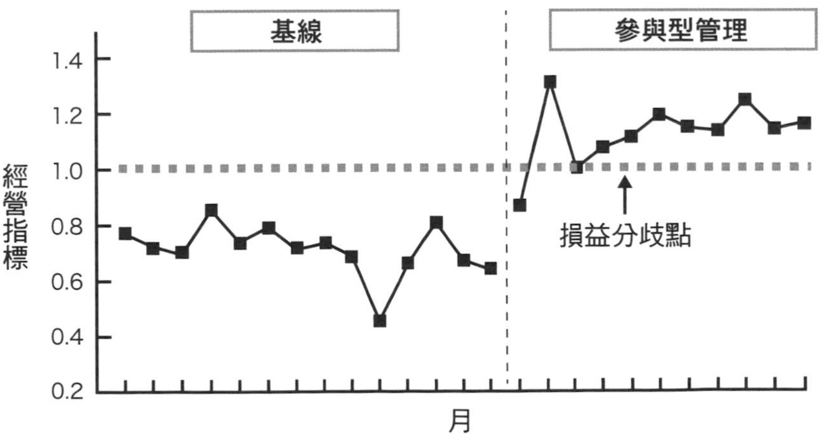

個人能發揮什麼樣的作用。若一家公司能鼓勵所有員工都發揮他們的領導能力，這家公司的業績必定會蒸蒸日上。

個案研究4　改善一個動作，節省五十倍成本

下面我要介紹一個由CLG提供支援的案例[40]。對象是幾位在一間北美大型鐵路貨運公司的貨櫃運送部門工作的組長，他們負責監督把貨物從貨車搬進貨櫃前的檢查作業。

在貨櫃的運輸途中，假使貨物破損，鐵路貨運公司要負責支付貨主賠償費或修理費用。但假如在搬進貨櫃之前，貨物就已破損，鐵路貨運公司就無須負賠償責任。因此，在送進貨櫃前檢查貨物有無破損的行為非常重要，它可以降低公司支付補償金的風險。

這間公司的錄影機引進了敏感度最高的檢查系統，即使如此，每個月檢查出的破損金額，約只有四千美元至五千美元左右（編按：約十四萬新台幣）。

於是，CLG的顧問針對幾位組長，舉辦兩天的訓練工作坊，教他們行為化、精準化，以及ABC分析的方法，並制定出可以減少漏看情形的介入方案。

由於裝貨的檢查時間不可以太久，否則會趕不上火車的發車時間，因此還要考慮到如何在不拖延作業時間的前提下，有效率的檢查錄影帶畫面。經過精準化之後，大家討論出

應執行的具體行為以及強化的方法，並教導第一線的員工如何實行。

結果，他們事前檢查出的破損，和過去相比多了六倍。大家沒想到之前因為漏看，竟支付了這麼多根本不需支付的補償金。

成效不僅如此，這個方法持續實施一年後，CLG顧問再度來到這家公司進行事後追蹤，並給予一些意見，改善他們的介入方案。現在，除了透過錄影機監控，現場員工還要在貨物之間來回走動查看，直接在現場盤查貨物。接著，把成果回饋給員工，告訴他們由於他們的努力，替公司節省了多少補償金額[41]。

將現場員工應檢查的項目做成清單，評量標的行為的達成度，並告知員工，作為行為目標的回饋。至於前面說的節省支付的補償金額，則是達成目標的回饋。**藉由告知員工這兩項指標，成功設定了可以強化標的行為的伴隨性。**

結果，他們每個月事前發現破損的金額，最多來到二十五萬美元（編按：約八百萬新台幣）。比介入之前節省的成本多了將近五十倍。

40 萊思莉．布拉克斯克所著的《領導行為與營利能力：打破管理常規，創造無限利潤》七四至七五頁。二〇〇七年由麥格羅．希爾國際出版公司於紐約出版。

41 這也是績效回饋的例子之一。

我個人推測，整間公司大概沒有人想像得到，原來他們每個月都耗費這麼多不必要的成本。

像這樣改變行為之後，就像玩拉霸中大獎一樣的案例其實還不少。有些事情必須要改變伴隨性之後才看得出變化，伴隨性沒有改變，永遠不知道會發生什麼事。但若只是把一切交給上天，不積極想辦法改變，那麼中大獎的機率大概就跟玩拉霸差不多。

先從小小的成功開始，持續下去，看看改變伴隨性之後會發生什麼事，接著再從中找出線索，繼續提出下一個介入方案，如此累積下去，最後一定可以達到大大的成功。

第 4 章

怎麼培養（自己和部屬的）領導能力？

1 帶新人要多給指令，帶舊人多用後續現象

在本章，我要教各位讀者如何使用行為分析學的思考架構，培育出優秀的領導者。

本書對於領導能力的定義如下：領導者的工作是**引導並維持部屬能夠創造業績的重要行為，並使他自主去實行**。

前面已經介紹過許多有效的行為公式，教大家如何發揮領導者的能力。其中，部屬的表現（B^F）會因為行為公式的使用方式不同，產生很大的差異。

指示或命令等先行現象（A）太多的話，會導致部屬消極的等待指示，難以培養自主性。相對的，**多利用後續現象（C），部屬的行為會比較容易改變**（一：四法則，請見延伸閱讀⑦）。

但要注意的是，若過度使用指責或批判等懲罰物，部屬的行為將會受到壓抑，導致他只願意完成最低限度的工作。反之，若多用誇獎、一起分享成功的

複習：$V = A \times B^F \times C$

喜悅等增強物作為後續現象，增加正向強化的作用，部屬就比較會自動自發的工作。如此便能把原本「不做不行」的工作，轉換成「因為想做所以做」的工作。

另外，部屬的表現（B^F）也會因為領導者的行為而發生改變。

但也不是只要誇獎、一味的使用增強物，就可以成功改變部屬的行為。比方說，用考核或審查的規定對部屬施壓：「達成目標的話，就多給一點獎金（但沒達成的話就沒有喔）。」這樣的方法並不是正向強化，而是變成迴避的強化，會讓部屬抱著不安的心情工作。

直覺上，我們會認為不會有人

複習：$V = B^L \times B^F$

■圖表17　你的領導風格屬於哪一種

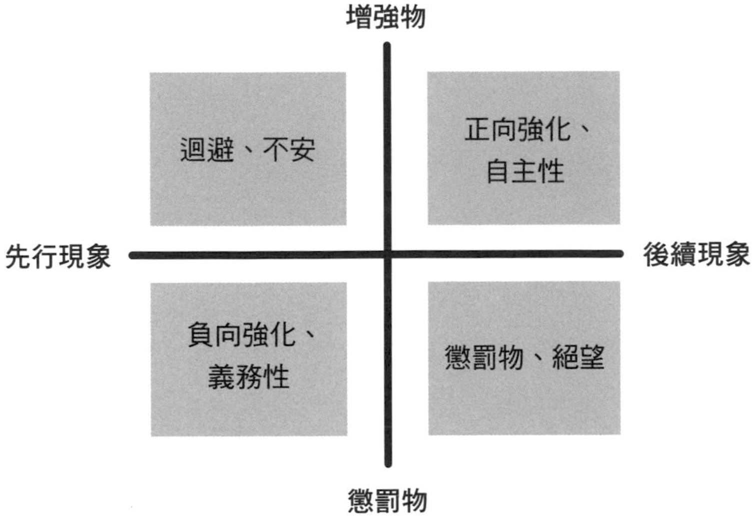

老是以懲罰物作為後續現象的方式來管理部屬。但現實生活中，確實有許多員工身陷這樣的職場，也就是所謂的黑心企業：不管做什麼都會惹怒上司、挨罵，動輒得咎，讓人陷入絕望。

領導能力的行為公式確實有效，但還要視使用方式而定。光是知道公式，不一定能成為懂得運用正向行為管理的領導者。

新人要多給指示，老手要強化後續現象

當然，並非任何場面或狀況都適合使用「把增強物放在後續現象」這個方法來管理部屬。比如說，面對新來的部屬，教導他操作從未操作過的機器時，下指示的機會一定相對較多。因為若讓他隨意操作，說不定會釀成重大事故，不可不慎。

雖說自主性很重要，但也不能事前不做任何訓練，就派新人去和重要的客戶交涉。即使這是最終的目標，但要達到這個目標之前，應該有計畫、階段性的去指導他，把他形塑成你期望的樣子。

換言之，指導部屬新的行為時，頻繁使用指示、示範、說明等先行現象是在所難免。你要更費心思的應該是，當部屬對工作越來越上手後，如何慢慢減少這些先行現象[42]。

延伸閱讀⑦——「一：四法則」與放羊的小孩

CLG把先行現象和後續現象的最佳平衡比例訂為一：四，稱作「一：四法則」。這個數值不具備科學的嚴謹性，而是一個概略的比例。

當我們希望某人做某事時，總會忍不住多用先行現象，像是「去做〇〇」、「這個時間差不多要去做〇〇了喔」、「你還沒做〇〇嗎」、「還不趕快去做〇〇」指示、命令、建議、說服等，這些都是先行現象的操作。

我們很容易忘記一點，那就是**只有當行為獲得後續現象強化之後，先行現象才可能產生效果**。

大家記得伊索寓言中的《放羊的小孩》（編按：又譯作《狼來了》）嗎？放羊的小孩替村子裡的人看管羊群，以防被大野狼吃掉。由於只有他一個人顧羊群，他覺得無聊，所以惡作劇的在村裡大喊：「狼來了！」聽到聲音的村民都急忙拿著武器趕到現場，這時才知道自己被那個孩子騙了。

先行現象（A）就是少年大喊「狼來了！」，標的行為（B）就是村民趕過

42 這個技巧稱作遞減。

來，雖然村民最初幾次都有實行標的行為，但因為後續現象（C）一直都沒有出現，所以行為逐漸消退。

這個故事的結局就是，當大野狼真的來的時候，沒有任何村民伸出援手，放羊的小孩便被大野狼吃掉了。

這是個告誡小孩子不要說謊的故事，卻也蘊含著對領導者而言非常重要的教訓：**標的行為若沒有獲得強化，先行現象將喪失誘發行為的力量**。

比如說，空有口號的經營理念，或是不可能實現的經營計畫，其中行為無法獲得強化，都是屬於我說的喪失誘發行為力量的先行現象。

「一：四法則」就像一枚指針，提醒我們應該多多運用後續現象，強化希望部屬實行的行為，其次，在使用先行現象的時候，務必要能夠確實的強化標的行為。

培育好的領導者，要仔細設計「伴隨性」

最近常聽到一些聲音認為，日本的環境很難培養出好的領導者。連一些有實力、有實績的經營者也發出這類的抱怨。

然而，把領導者沒辦法做好領導工作，歸咎於領導者本身、本國的文化或教育問題，只會陷入個人攻擊的陷阱，沒有辦法改變現狀。

這時候，行為公式就可以派上用場。行為公式不只可以套用在部屬的行為上，也可以套用在領導者的行為（B^L）上。

簡單來說，想要透過領導能力改變部屬或員工的行為、提升公司業績，只要**調整領導者行為的伴隨性，讓領導者發揮領導者的功能即可。**

與其抱怨很難培養出領導者，不如先把伴隨性列出來吧：

1　是否具體的告訴他，一位好的領導者必須具備哪些行為？

重新檢視是否有告訴他具體的做法，包括如何管理部屬的行為、該怎麼做、為什麼這麼做、如何評量成果等。若這些先行現象有缺少、不足、不能貫徹的部分，請補強。

複習：$V = A \times B^L \times C$

如果你對於領導能力的定義，偏向正向行為管理流派的話，那就教導他行為公式，舉具體的例子給他看，並告訴他照著這個方法，預測部屬的行為會發生什麼變化。

2 是否有給予機會，讓他學習這些行為？

有一些行為光有知識也做不來。比如說，大概沒有人可以光用聽講的方式，就學會揮球棒和演奏小提琴。又或者說，一個人即使理解了質能轉換公式（$E=mc^2$）等所有物理學的法則，也無法蓋出一座核能發電廠。

簡單來說，就像技術性的行為必須重複練習才能學會，知識性的行為也是一樣。要培育出一個好的領導者，應該精心設計一連串能讓他同時學好技術性與知識性行為的練習，這件事非常重要，但很容易被忽略。

無論是行為公式的應用、與部屬的有效溝通，或是透過行為塑造強化部屬的行為，想要學會這些技巧，最重要的就是接受訓練。就像田中先生一樣。使用ABC分析推測問題的原

■以ABC分析思考為什麼好的領導者很難培育

先行現象（A）	標的行為（B）	後續現象（C）
一個好的領導者必須具備哪些具體的行為？	是否有給予機會，讓他們學習這些行為？	這些行為是否得到強化？

因、思考相對應的介入方案、推動行為的PDCA循環，這些技術都必須經過訓練才能學會。

「我懂了」與「我做到了」之間的鴻溝，得靠學習計畫弭平。

3 這些行為是否得到強化？

現在，一個人有了行為的知識，也充分練習過這些技巧，而且只要有心、想做就做得到。但即使到了這個地步，也不保證他會確實去實行、持續執行這些領導者應有的行為。

如同維持部屬的行為需要強化型伴隨性一樣，想要維持上司的行為，也需要強化的伴隨性。

有些公司的觀念認為，一個人既然獲得了某項職位或頭銜，就應該要產生自覺或責任感，即使沒有人要求，自己也應展現出領導者的風範，努力做好分內的工作。這些公司在評價上司的表現時，很容易陷入個人攻擊的陷阱。

即使對某些領導者來說，倡導公司理念屬於增強物，但假使伴隨性不夠強，行為仍無法獲得強化。以為只要靠自覺或責任感就可以維持行為的想法，就是第二章提過的「持續的幻想」。如同我多次強調的，沒有伴隨性就沒有行

$$V(B^F) = A \times B^L \times C$$

為，這是很自然的道理。

想要培育出優秀的領導者、激發他們的潛力，你應該要設定一些可以強化他們做出領**導者應有行為的伴隨性。**

下面我們來看一個例子，某位食品加工廠的廠長，他負責的產品，品質發生了問題。**想要讓這位廠長實行並持續做他應該做的行為，我們要替他找出可以強化這些行為的伴隨性。**對廠長來說，什麼事物是增強物？我們可以想出很多後續現象，像是升遷、加薪、公司的業績改善、獎金、獲得直屬上司的認同等，但問題在於伴隨性。

行為的公式不只適用於部屬的行為，也適用於上司的行為。但用加薪、獎金這類增強物，其伴隨性不是屬於聚沙成塔型，就是天災總是在忘記之後來臨型，無法改變行為。因此，我們需要找出與行為的實行直接相關，並能確實發揮作用的增強物。

請想一想有哪些增強物或伴隨性可以用於上述ABC分析中的後續現象（C）：

- 定期向總公司報告品質管理的目標值、行為目標的達成度，設定一個讓廠長有機會得到總公司或高層認同的機制。
- 擬定一個實現可能性高，又能改善產品品質的行動計畫，並編列預算。
- 廠長在進行突襲檢查、監控品質時，指導部屬的狀況如何，列出幾項評量的項目，使廠長「強化部屬的行為」這個行為有機會可以獲得強化。

以上等等，其實總公司或經營團隊可以做的事情很多。

另外，部屬的行為也可以成為廠長的增強物。先對會影響到品質的行為指標進行精準化，然後推出可以強化部屬標的行為的計畫，再將部屬的行為視覺化製成圖表等，強化廠長的行為。活用放大鏡效果、中繼性增強物之後，接著，再使用行為塑造的技巧，一邊指導部屬，一邊看著部屬成長，這都是效果很好的增強物。

總之，重要的是你能否時常換角度思考，什麼樣的伴隨性能強化領導者的行為。

■領導者的行為是否得到強化？

先行現象（A）	標的行為（B）	後續現象（C）
食品加工廠發生與品質相關的問題	將部屬的應做事項行為化、精準化	?
	對精準化過後的標的行為，進行觀察與記錄	?
	將紀錄視覺化	?
	製作可以增加標的行為的介入方案，並加以實行	?
	一看到部屬實行標的行為，立刻給予讚美	?

延伸閱讀⑧——賈伯斯不是好管理者，幸虧他的左右手是

有人說：「確實實行決定事項是管理，而正確決定應實行事項就是領導能力。」

企業的經營者或管理階層，除了管理員工的行為之外，還肩負許多重要的任務。他必須樹立經營理念、擬定經營戰略、戰術，還要具備財務、會計、法律等相關知識，以及正確的倫理觀等。

有些經營者被人們稱作「遠見者」（visionary），比如已逝世的蘋果公司創辦人史蒂夫．賈伯斯（Steve Jobs）。「遠見者」是對擁有預見時代的能力、能夠具體實現先進獨創理念、對全體社會留下極大影響的人物之尊稱。

本書所介紹的正向行為管理，或為領導者準備的行為公式，都不是用來培養賈伯斯這類經營者的技巧。不過，在遠見者的帶領之下，這些行為公式可以確實帶給企業力量，幫助他們實現遠見者的遠見。

附帶一提，賈伯斯的傳記中曾提到[43]，他自己採取的管理方式，和正向行為管理正好完全相反。但賈伯斯的左右手——現在仍主掌蘋果公司產品設計的首席設計師強尼．艾夫（Jony Ive）曾說，帶給他最大影響的心理學家，就是行為分析學的創

始者伯爾赫斯・史金納（Burrhus Skinner），這件事卻鮮為人知[44]，是不是很有趣呢？

43 華特・艾薩克森（Walter Isaacson）所著的《賈伯斯傳》。

44 利安德・凱尼（Leander Kahney）所著的《蘋果設計的靈魂：強尼・艾夫傳》。

2 叫不動？不想學？用單一專案

大概在幾年前，我曾負責對某大型都市銀行（編按：日本商業銀行的形式之一，指總行設於東京、大阪等大都市，營業範圍遍及日本全國的銀行）的管理職進行研習。

這間銀行在幾年前曾進行大規模的合併。由於合併之前，各間銀行的風氣與習慣都大不相同，員工會因為出身的銀行不同，而採用不同的工作方式，因此時常發生摩擦。

參加研習的主管們都是比較年輕的世代，他們都希望可以消弭彼此之間的差異，打造出一間更強大的公司，但他們似乎還處於摸索方法的階段。

在週六、週日兩天的密集研習課程中，我對他們上課，講行為分析學的基本思考方法以及正向行為管理，並讓他們練習。

研習課程結束後，過了半年左右，某位分店的主管聯絡我。他跟我說，他有一名部屬原本很容易陷入個人攻擊的陷阱，認為「別家銀行來的人就是不懂」，他施展了他在研習受訓時學會的技巧後，現在這名部屬的業務成績居然排進全國前十強。

他開心的跟我報告：「我自己也嚇了一大跳。」

當然，有成功的案例，相對的，也有失敗的案例。我也聽到許多聲音說：「我看過書了，也上過研習了，我也相信這個方法有效，但實際回到職場上，卻不知從何下手，即使勉強試著去做，也無法得到好效果。」

從這樣的經歷中，我發現原來研習也有陷阱。自此之後，我就不再接只有聽講課程的研習案，因為光靠聽講的研習，無法改變他們的行為。於是，我一邊參與許多改變領導者或員工行為相關的專案，一邊從中摸索出可以確實培育領導者、提升業績的方法。

透過專案，學習績效導向的領導

本書所提到的領導能力，以ＣＬＧ的分類來說，屬於ＰＢＬ（Performance-Based Leadership），我姑且把它譯作績效導向的領導風格。根據行為分析學的見解，它指的應該是會使用ＩＭＰＡＣＴ模型，使業績增長、實行正向行為管理的領導者。

ＰＢＬ同時也是另一個概念的縮寫。另一個ＰＢＬ（Project-Based Learning）可翻成專案導向式學習，它指的不是聽講式的學習，而是一邊執行某個目標清楚的專案，一邊主動學習必要的相關知識或技巧的方法。

不僅企業研習營會使用這個方法，越來越多大學教育也開始採納這個方法。企業引進這個方法時，可以擬定計畫（專案），先從日常業務的改善下手。

這個方法和空有概念的ＯＪＴ（on the job training，職場內培訓）不同，它必須有系統的設計並追蹤計畫的目標、達成的方法，以及學習方案。

哈佛大學的羅伯．凱根（Robert Kegan）教授以及麗莎．拉赫（Lisa Laskow Lahey）教授也認為，未來的領導者應該要能因應瞬息萬變的社會與市場，經常改變自己的思考方式，因此聽講式的學習對領導者並沒有太大的幫助[45]。

雙重ＰＢＬ就是透過專案導向式學習，教導對方學會績效導向的領導風格，是能夠確實培育出領導者的方法之一。

下面，我將會介紹兩個我親自輔導過的案例，在這兩個案例中，我就是透過雙重ＰＢＬ進行支援。

會計變業務：如何引導，讓部屬思考解決方案，而非坐等指示

在第一個案例中，我們支援的對象是某間會計事務所的老闆。

這間公司沒有專門負責業務的員工。老闆赤松先生就是公司的創辦人，他運用自己以

前在工作上建立的人脈開拓客戶。隨著公司規模逐漸變大，員工也增加了。但增加的幾乎都是技術（會計）人員，業務工作仍由赤松一手包辦，這種狀況在小公司很常見。

於是，學習過行為分析學的赤松先生，決定以領導者的身分，帶領底下的會計人員組成團隊，一起投入業務活動的企劃。

事實上，在這之前，他已經想過很多企劃案，並試著推行。比如說，在以節能為目標的企劃案中，他列出一些可以節能的行為，像是辦公室用紙一律雙面都印過以後才能丟棄，或是公司內部的文件盡量不印出來、改用電子郵件傳送等等。

但這些計畫都進行得不太順利。經我一問才知道，原來赤松先生當時曾對底下的會計人員上課，講解強化與伴隨性的概念。「伴隨性不改變，行為也不會改變」，即使在書中讀到這句話時覺得很有道理，但實際去做的時候，卻立刻忘得一乾二淨。這就是知識與行為的落差，誤以為有了知識，行為就會跟著改變。

結果就是，部屬的節能行為得不到強化，這項計畫就在大家不積極參加的情形下無疾而終了。

---

45 參見羅伯・凱根與麗莎・拉赫合著的《改變的阻礙與真相：如何克服改變的阻礙，釋放你自己與組織的潛能》（*Immunity to Change: How to Overcome It and Unlock the Potential in Yourself and Your Organization*）。

後來，他改而採用雙重ＰＢＬ再次推行這項計畫。

他從公司目前面臨的幾項重要課題之中，選出一個當作（專案）計畫的目標，即如何開發新客戶。

員工們也感覺得出老闆一個人跑業務，工作量似乎已經到了負荷的極限，必須要做些改變。雖說如此，但要這些會計人員立刻走出事務所，當一個四處奔波的業務員，未免太不切實際。因為在這段時間內，他們的本業必定忙不過來，再者，要提升業務技巧，必須經過相當程度的訓練才行。

於是，赤松先生最後決定，把目標訂為利用廣告傳單開發新客戶。這麼一來，員工們就可以待在事務所內進行計畫。萬事起頭難，能跨出第一步才是邁向成功的關鍵。

他決定帶領大家組成團隊，但他從頭到尾都得貫徹協調的角色，所以要發送何種廣告傳單給何種行業，都交由團員自行討論決定。對赤松先生來說，這也是很好的練習機會，學習怎麼樣減少指揮部屬的行為（先行現象），多多利用後續現象幫助他們改變行為。

員工們討論出的成效指標如下：新客戶的契約數、讀過廣告傳單的潛在客戶來電詢問的件數、刊登在傳單上的公司網站的點閱次數。團員們決定預算、設計傳單，並在預算範圍內發包給廠商印製。

此外，他們把預算分成四份，並將計畫分成四期，根據上述的成效指標，改善每一期的傳單。

PBL最重要的，就是確保PDCA循環的進行以及改善練習。

第一期計畫是基線。基線不可以介入，只要把握現狀即可。簡單的說，就是測量指標、觀察部屬的行為或目標的達成度，只要掌握這些狀況即可。

由於團隊設定了與業務相關的目標，所以部屬們非常熱心參與，和之前推動節能計畫時的態度完全不同，大家在會議上都踴躍發表自己的意見：「我覺得紙的顏色應該選綠色的。」、「我們應該趁這個機會製作公司的商標，大家覺得如何？」、「放照片進去好不好？」……據赤松先生說，大家提出許多意見，看在他眼裡只覺得：「做這些事情只會浪費時間而已。」

即使如此，他仍忍住不說話，把它當作練習尊重團隊意見的機會。

一般來說，寄傳單只要有一％的人回信就算成功，而他們的基線遠低於一％，意思就是未來還有許多進步的空間[46]。

接著，赤松先生要部屬們站在潛在客戶的立場思考，提出改善方案。

初期，大家想的都是自己覺得好的傳單。後來，赤松先生指示大家，把思考的重點放

46 行為改善的空間越大，成功機率越高。

在顧客具體的行為上面，並思考如何增加這些行為，包括要怎麼做，才能使潛在顧客看到傳單的時候，會想讀它而不是直接丟掉、會想透過網址連結到首頁、會想打電話過來詢問等等。

但是問題來了，當赤松先生限定發想的條件之後，團隊居然變得鴉雀無聲。對部屬來說，之前任何提案都可以獲得肯定（強化），但現在可以獲得肯定的提案範圍縮小了，所以對行為產生消退作用。他雖然可以理解部屬們的反應，但這麼一來不就重蹈之前節能計畫的覆轍嗎？此時他需要新的介入。

在這則案例中，**我建議的介入，是活用思考輔助工具。把「站在顧客的立場思考」這項抽象的指示替換成具體的問題，並做成表格。**比如說「在什麼樣的狀況下你會想拆開信封」、「要怎麼樣才能實現這個目標」。

部屬的回答可能是「對內容感興趣的時候」、「使用半透明的信封裝傳單」。在回答問題的過程中，部屬自然會站在顧客的立場做出提案。這個方法可以強化部屬的思考、提高成功機率。

導入思考輔助工具之後，部屬的提案確實逐漸增加，而且幾乎所有人都能站在顧客的立場思考。

接著，他們開始討論這些新的提案，並改善傳單的內容，到第四期計畫的時候，回信率已經超過業界的標準，並獲得一位新客戶。

叫不動？下指示要明確，不然部屬永遠達不到你的期待

第二個案例，是一間日本汽車製造商向我尋求諮詢。

某部門的組長和副組長身為領導者，向員工徵求改善業務的提案，但大家並不踴躍。員工們可以在每個月舉行兩次的會議中提出改善方案，然而卻有半年多的時間，沒有任何人提案[47]。

組長大林先生讀過行為分析學的書，也知道個人攻擊的陷阱，卻仍忍不住嘆氣道：「這些傢伙真是一點幹勁也沒有。」但他隨即察覺自己不該這麼說，又嘆氣：「哎呀，我怎麼又落入個人攻擊的陷阱，這樣可不行。」他發現自己落入個人攻擊的陷阱，並告誡自己要多加注意。他說到這裡的時候，更顯得灰心喪氣。

「重要的不是避免落入個人攻擊的陷阱，而是一旦落入時能不能有所察覺，並跳脫出陷阱。」即使我這麼告訴他，他依然愁容滿面。

47 這間公司其實也有為提出優秀改善方案的人訂出一套獎勵機制，但在這個部門完全發揮不了作用。

此時，試圖說服他是沒用的。我不斷告訴他：「把注意力放在部屬和您自己行為的伴隨性吧。」大林先生自己也很清楚這一點。

當對方陷入個人攻擊的陷阱時，可以試著叫他逆向操作，轉換自己的想法。比如說，當他抱怨部屬的態度或性格時，叫他列出他希望部屬做的事，以及不希望部屬做的事，重點是，這些都必須是具體的行為。

假設對方抱怨關於知識方面的問題，就請他思考：你希望部屬學會什麼知識？你覺得用什麼方法才能教會部屬？請具體列出指示方式以及資料、操作指南的內容。

假如對方抱怨關於能力方面的問題，就請他思考：你希望部屬學會什麼能力？你覺得用什麼方法才能教會部屬？請具體的列出練習與訓練的方法。除此之外，最好再想一些可以支援這些行為的方法，就像上個案例中所提到的思考輔助工具一樣。

假如對方抱怨部屬幹勁不足，就請他思考：怎麼做才能讓部屬更有幹勁。具體的列出有機會成為部屬的增強物的項目，同時思考能否藉由伴隨性的設定，強化標的行為。

大林先生抱怨部屬的地方是幹勁不足，所以這時候我請他把注意力放在員工的行為，而非態度上面，並幫助他盡量列出他期望部屬做到的行為。

他希望員工做的行為是「提出改善業務的方案」。這個目標看起來似乎具體多了，但其實它的定義還是太過籠統。改善業務的目標有很多種可能，他是要大規模的針對該部門的主要業務提出改善方案呢？還是情報管理、員工的勞動態度等細項的改善方案呢？不清楚。還有，提案的方法也沒決定。方案要擬定到多詳細才能提案，也不得而知。至於提案之後的流程，以及採用之後的預算編列也沒提到。

和大林先生討論過，並請他具體寫出對部屬的期待之後，我立刻發現問題點：行為化和精準化的作業，他都做得不夠。

交代部屬工作時，一定要明確的描述內容，以及期望達到什麼樣的成果，否則便無法引導出部屬的行為，因為部屬根本不知道該做什麼才好。

當你發現不管怎麼做都無法強化部屬的行為時，問題很可能出在指示不明確。也就是說，你出了一道沒有正確答案的謎題。當部屬試了很多方法都無法符合上司的期待，只得到「不是這樣」、「你還是搞不懂嘛」這樣的回答，不是否定就是責罵，這時候消退和懲罰的伴隨性就會出現。如果持續這樣下去，不明確的指示就會更進一步產生抑制行為的效果，就像放羊的小孩一樣。

當你明明下了指示，部屬的反應卻不明顯時，你可以檢視你們身處的環境中有沒有產生這類的伴隨性。

我請副組長一同協助大林先生製作一份表格，讓部屬填完表格就等於完成一份提案。表格寫在一張A４紙上，應填寫的空格盡量減少，只要簡單、條列式的寫出問題點、改善策略、方案優點即可。減少製作提案的時間和需付出的勞力，目的在於減少提案行為被懲罰的機會。把表格寄送給部屬的時候，同時附上三則改善方案的範本。

這麼一來，上司期待部屬做什麼行為，就變得非常明確了。為了使效果更加顯著，我請他們把繳交期限訂在下次會議前一天的下午五點。

這就是成果溝通公式四個基本項目中的「做多久」。

使用雙重PBL，成功的訣竅就是，選擇能夠強化領導者的行為、成功機率高的目標以及介入方法。

身為教練，最重要的任務就是針對領導者的行為，把先行現象最小化、後續現象最大化，讓領導者自己思考並決定目標與介入方法。

會議召開的前兩天，由於部屬的提案一件也沒呈上來，大林先生非常緊張，頻繁的寄電子郵件詢問我該怎麼做。

「會不會是部屬忘記繳交期限了，我再提醒大家一次好嗎？」

■不明確的指示會產生消退和懲罰的作用

先行現象（A）	標的行為（B）	後續現象（C）
被上司要求「交提案」	提出改善業務的方案	「不是這樣。」（↓） 「你還是搞不懂嘛。」（↓）

「不，再等一下吧。我們要的不是你催促後才提案的行為，而是希望強化他們自動自發提案不是嗎？」

「可是我很擔心。」

「不要擔心，假使真的沒人提案，那我們再思考原因，下次會議前再提出新的對策就好了。」

到了會議前一天，離繳交期限剩一個小時的時候，大林先生又聯絡我：「幾乎所有人都交出提案了，只剩一個人，他說等一下就會交上來。真令人不敢相信！」

自此之後，在大林先生的部門，常可見到部屬們踴躍提案。

設定期限後，行為很容易在期限截止前的最後一刻才發生，這是經行為分析學研究證實的事情，但一開始就破哏實在太沒意思，所以我一直到期限截止前，都沒對他說破。

實行雙重PBL時，計畫成功是效果最強的增強物。這個方法的優點是，領導者容易對計畫的行為產生動機，但缺點是領導者為了避免失敗，可能會做出妨礙部屬自主學習的行為。比如說，假使大林先生在截止日的前兩天寄出催促的電子郵件，他學習到的行為可能就不是培育部屬的自主性，而是透過指示催促部屬。

身為教練，在訓練中扮演的角色就是支援，讓領導者在學習他應該學習的事情時，幫助他確實的學會。

3 大規模介入、整體改造——有時只改一個行為

當你成功完成一項小型的計畫，接下來可能就會想挑戰更大規模的計畫。此時，找專家協助是個不錯的選擇。

有幾家顧問公司提供幫助企業引進正向行為管理的服務。其中，本書介紹的CLG顧問公司是經營了四分之一世紀的老店。如同我在本書開頭所說，這間公司主要來往的客戶大多以美國企業為主，裡面不乏擠進富比士百大的大企業。

他們提供各種服務，包括品質管理、安全管理、改善客戶服務，以及為經營者量身訂做的訓練等。CLG和其他同樣經營顧問諮詢服務的公司最大的不同點在於，他們以行為分析學作為思考基礎。

即使一間公司擬定了經營戰略、導入新的人事考核制度與資訊系統，希望藉此提升工作效率，但計畫的進展可能依然不如預期，或無法持續下去。

知識與行為的落差，是企業經營最常碰到的問題，而且恐怕是永遠都會存在的問題，

而ＣＬＧ最擅長的，就是提供弭平這個落差的行為支援。下面將為各位介紹幾則案例。

某醫療法人針對旗下經營的所有醫院，導入一套可以提升服務品質的資訊系統。醫師可以拿著平板電腦查房，一邊和住院病人與護理師交談、一邊輸入資料。這套系統與電子病歷系統連結之後，可以省去醫師和護理師重複輸入的工夫，也可以避免抄錄錯誤的發生，是非常理想的資訊化系統。

雖然這套系統投資了以億為單位的開發費用，但醫師們對它的評價不佳，漸漸就沒有人再去使用它了。

於是，該醫療法人向ＣＬＧ尋求顧問諮詢。ＣＬＧ訪問醫師和護理師，並觀察他們的行為，然後做出一份新的提案，包括輸入畫面和操作手續的變更，以及醫師研習課程的設計，這些都獲得他們採用。

輸入畫面變更之後，醫師透過護理師的協助，慢慢學會使用方法，使得「使用系統」這個行為充分被實行並持續下去。

另一個案例是，某大型航空公司向ＣＬＧ尋求顧問諮詢，希望可以提升空服員的服務品質。ＣＬＧ透過行為的精準化，設定了幾個標的行為，比如顧客登機時，員工要鞠躬打招呼（美籍員工之前並不會做這個動作）等。另外在機內的部分，ＣＬＧ也調整了幾項伴隨性，透過座艙長給予認同，強化員工在飛行中的標的行為。隨著空服員行為的改變，這家航空公司的顧客滿意度也提升了[48]。

ＣＬＧ這類的顧問公司提供服務的方式非常多樣化，據說ＣＬＧ也可以根據客戶的要求，提供客製化服務。但共同的要點，都是針對客戶企業的行為進行精準化，並調整強化的伴隨性，以確保行為被實行以及維持。

相較之下，一般顧問公司的服務僅止於提供研習或訓練，這便是ＣＬＧ和別人不一樣的地方。以下，我會再介紹另外兩則案例。

一口氣改變五千三百個人的行為

美國某大型醫療服務公司Ａ，在客服系統的經營上曾獲得表揚。它的成功，就是來自ＣＬＧ提供的顧問服務。

當時Ａ公司導入了一套最新的資訊系統，希望能統一管理顧客的健康情報，並提升服務品質。但當他們引進新的資訊系統後，問題也跟著出現了。顧客和員工都對這套新系統很反感，因為應對的速度變慢，客訴案件呈爆發性成長。

授命處理這個問題的負責人花了六個月的時間，才成功平息了這場風暴。他改變工作流程、去除不必要的步驟、改善資訊系統、聘請專門處理客訴的專業人員，以此增加即戰力（編按：此用詞源於日本職棒，指無論何時何地，即刻就能投入工作的戰鬥力）。即使如此，他仍覺得還有改進的空間。

乍看之下，整個團隊已經熟悉新系統的使用方法，但假使沒有改變員工的行為，服務品質很快又會回復到以前的水準。

他管理的客服中心一共有五千三百位員工，對於自己能否一口氣改變這麼多員工的行為，他不太有信心。

對此，CLG的解決方案有二：

第一項是開設IMPACT模型（見第三章第一節）的研習課程，教導所有管理職。雖說是研習課程，但絕非單純的上課聽講，還包括支援他們將雙重PBL（見第四章第二節）的方法同時導入到多間客服中心。至於在各地客服中心工作的全體員工，包括接電話的客服人員與他們的上司，都必須針對與公司業績相關的具體行為，進行精準化的作業。在顧問人員的協助之下，所有客服中心皆由下而上提出各種標的行為，並由改革推進小組進行審查、調整，檢視各項標的行為會不會在各部門之間造成矛盾或扞格，並制定測量成效的方法。

48 據說後來競爭對手也開始提供同樣的服務。

第二，讓管理職接受領導者訓練，教他們如何根據改革小組指定的最終目標，強化部屬的行為。和第一個改革方案一樣，管理者的訓練絕非課堂上幾個小時的角色扮演就結束，還要在實際的日常業務中，**追蹤上司們是否針對經營指標、行為指標讚美部屬**。透過顧問服務的改善，那些與客服中心業績相關的標的行為，因為經常達標，使得回饋措施經常被實施。

客服中心的業務改善獲得很大的成功，據說後來A公司還擴大實施IMPACT模型的規模，把這套方法導入客服中心以外的部門和業務。

瞎扯的業績預測行為，怎麼改

在歐洲全境位居龍頭地位的家庭用品品牌B公司，每個星期必須依據數百位業務負責人傳來的營業額預估報告，制定未來的生產計畫。

即使他們已經導入最先進的資訊系統，但預測的精準度仍偏低，使得庫存不是太多，就是不足。經過製造部門反覆抱怨，再加上高層的要求，業務部門決定聘請顧問公司，展開大規模的改革。

改革的內容包括：（一）重新制定銷售量的預測方式；（二）設定精準度的目標；

（三）在各地舉辦多場說明會與研習課程，教導業務負責人如何正確預測。

即使如此，預測的精準度依然不見好轉。於是，業務部門聘請CLG來解決問題。顧問人員走進業務現場，訪查業務負責人，並觀察他們的行為，漸漸了解為什麼他們無法正確預測，也知道為什麼他們明明知道方法、受過訓練，卻無法實行的原因。

顧問人員調查他們行為的伴隨性後，**發現原本期望發生的行為遭到懲罰，不期望發生的行為卻受到強化。**

在業務會議上，上司的行為，以及迎合上司的員工行為，會妨礙業務負責人根據銷售預測的統計資料，而無法做出客觀判斷的行為。

於是，顧問人員針對業務會議中主要的標的行為進行精準化，並做出評價。以下是他們當時實際用來檢測行為的評價清單（見下頁）。

■期望發生的行為，因伴隨性消退

先行現象（A）	標的行為（B）	後續現象（C）
在會議中	根據統計資料計算出來的預測值做報告	為迎合上司心意，被修正的更高（↓）
	若有察覺影響營業額增減的徵兆，在會議中說出來	遭到上司反對、批評（↓）

■不期望發生的行為，因伴隨性而一再發生

先行現象（A）	標的行為（B）	後續現象（C）
在會議中	提高上司正在推動的商品業績之預測值	獲得上司同意（↑）
	批評過低的銷售預測，並修正提高	獲得上司同意（↑）

行為評價檢視清單：

- ■從客觀的統計資料計算銷售預測。
- ■全體人員盡可能共享相同的情報。
- ■最終計算出來的銷售預測數值是否符合現實。
- ■……。

接下來他們要做的，是針對管理各區域的區經理舉辦研習課程。

在研習課程中，顧問人員指導區經理許多技巧，包括如何再次確認業務會議中制定的標的行為是否正確，並強化期望發生的行為，至於不期望發生的行為，則給予前驅性回饋（Constructive feedback）。

所謂的前驅性回饋，即指出錯誤，當場指示對方應該怎麼做，必要的時候請對方練習，假使做得好則給予讚賞，並幫他設定下次實行的機會[49]。

研習結束後，區經理在出席責任區域的業務會議時，在會議正式開始前，先告知員工上次開會提出的銷售預測精準度（給業務負責人的績效回饋），會議結束後，開始檢視上述的行為評價清單，並做出評價。之後，再把各地區、地域、地方的行為評價紀錄，連同銷售預測值、實際銷售值，合計整理過後送到總公司。

總公司可以從這些統計資料中，鎖定銷售預測精準度低、行為評價低的區域，要求區經理調查原因，與業務負責人討論，決定提升預測精準度的方法，並追蹤實行狀況、給予強化。

業務負責人的行為由區經理給予強化，區經理的行為則由總公司的管理職給予強化，依照層級設計不同的伴隨性。

下圖（見下頁）是根據實際的統計資料，重製成簡單明瞭的折線圖。介入計畫實施三個月後，不僅會議中的行為評價提升了，銷售預測的精準度也有所改善。此外，不只製造部門及高層的抱怨消失了，連第一線的業務負責人也讚聲連連的說：「真有成就感。」、「區經理真是幫了我們一個大忙。」

---

49 Constructive feedback又譯作「建設性回饋」或「矯正性回饋」，但為了強調它的特徵，也就是可以事先設定下一次強化標的行為的機會，並賦予動機，因此這裡刻意把它翻作「前驅性回饋」。

作為達成度指標的銷售預測，其精準度得分，改善得比業務會議中的行為得分晚了一至兩個月，其實這是介入常會發生的現象（行為改善後一兩個月，兩件目標達成）。

你可以像這樣，把測量標的行為的得分當作中繼指標，如此將有助於達成最終的經營目標[50]。

■圖表18　會議中的行為評價以及銷售預測都提升了

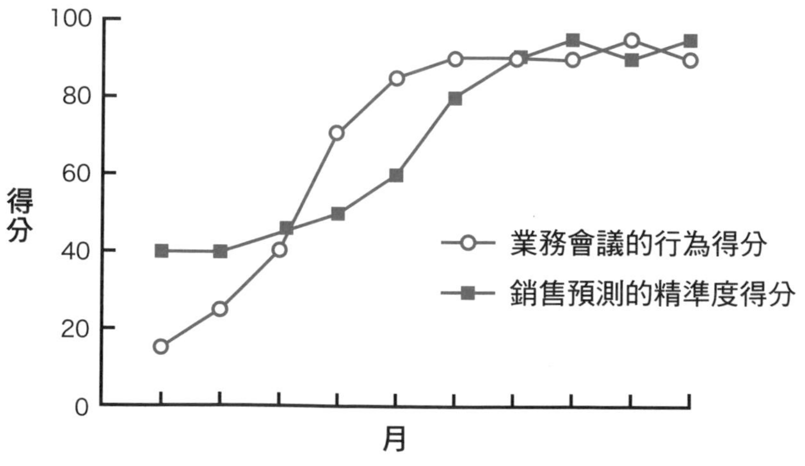

個案研究5　一個行為，省下三億日圓

前面我們已經教大家如何擬定正向行為管理的計畫，以及實行IMPACT模型的方法。但如果要擴大規模，進行更大規模的介入，就必須使用CLG的MAKE-IT模型[51]。

步驟一：使之明確化（MAKE-IT Clear）

對應IMPACT模型中的選擇目標（I）和評量（M）。

選擇與業績相關的重要指標。

步驟二：使之具體化（MAKE-IT Real）

對應IMPACT模型中的精準化（P）。

選擇與改善重要指標相關的標的行為。

---

50 這也可以視作使用放大鏡效果（見第三章第三節）介入的案例。

51 這套方法和處理個別部屬的行為管理上，不同之處在於，它還可以避免公司內部部門或事業之間的競爭與衝突，達到相乘效果。

步驟三：使之發生（MAKE-IT Happen）

對應ＩＭＰＡＣＴ模型中的觸發（Ａ）和結果（Ｃ）。

誘發並強化標的行為。

步驟四：使之持續（MAKE-IT Last）

對應ＩＭＰＡＣＴ模型中的轉換（Ｔ）。

調整伴隨性，使標的行為可以持續。

下面我會以一家全美數一數二、在世界各地都擁有煉油廠的全球化企業尋求顧問諮詢的案子為例，為各位詳細解說[52]。

原油必須精煉過後才能變成汽油、輕油等燃料用油。當時，燃料油的價格飆漲，這間公司為了維持競爭力，**必須想辦法降低成本**。

原油的精煉必須使用常壓蒸餾裝置，而想要進行蒸餾，就必須用加熱爐加熱。所以，加熱爐的加熱方式對生產力的影響非常大。根據原油的組成和狀態微調溫度和壓力，可以用較少的燃料，將原油精煉出更多的燃料油。此調整工作是由技師負責，因此成功的關鍵**都和調整加熱爐——也就是技師的行為有關**。

在使之明確化（MAKE-IT Clear）的階段，CLG的顧問去煉油廠訪問那裡的員工、查資料，並提出以加熱爐的燃料費作為指標的提案，也獲得大家的同意。大家都知道燃料費占煉油廠總支出的五〇%到六〇%，還有很大的改善空間，因此最適合拿來作為降低成本的指標，也最能反映技師以及監督技師的組長們的行為成效，這些大家都很清楚。

在使之具體化（MAKE-IT Real）的階段，他們把原本的指標，即只加總煉油廠所有加熱爐的燃料費，改成以每座加熱爐、每個輪班單位計算。把每個班負責調整加熱爐的技師以及監督的組長視為一個團隊，如此一來，他們的行為才能直接與新的指標連結。

接著，調查每個加熱爐的燃料費，把它視覺化（做成折線圖），再根據圖表調整加熱爐的操作，列出可以減少燃料費的行為，並針對尚未學習成功的行為，進行指導。

在使之發生（MAKE-IT Happen）的階段，利用標的行為的檢視清單，請團隊的成員各自記錄自己的實行狀況，並互相報告。另外，團員之間要持續、定期討論，這樣將有助於找出更進一步節省燃料費的方法。

52 詳細請參閱萊思莉・布拉克斯克所著的《領導行為與營利能力：打破管理常規，創造無限利潤》一六一頁至一六二頁。

透過以上解決對策，只花了三個月的時間，標的行為的實行率就從原先的七〇%，增加到一〇〇%。同時，加熱爐的燃料費也逐漸降低，不到一年，他們就降低了約三億日圓（編按：約一億新台幣）的成本。

然而，無論多麼成功的解決對策，告一個段落之後，很容易因「流於形式」的理由受到阻礙。主要的原因大多是，當時導入方案的負責人或員工被調到別的位置。當標的行為消退，可想而知，業績也會跟著惡化。此時，只好再重新摸索出一套新的解決對策。

使之持續（MAKE-IT Last）正是為了防止故態復萌，或陷入惡性循環而想出來的方法。當介入成功，想要維持下去時，就必須設定新的伴隨性，使介入的行為可以在平時的業務中獲得強化。你可以把新的伴隨性加進事業計畫或年度計畫、勤務評定的項目，以及日報或週報等定期發布的文件中。

這個方法可以讓你的成功不只是曇花一現，而是能夠持續下去。

從兩個字開始，使公司合併後運作順利

越來越多企業希望透過合併與收購（M&A）使公司成長。但也有報告指出，有一半以上的併購案並沒有達到預期的目的，也就是說，併購之後企業價值並沒有獲得提升。

在合併或收購之前，買方通常會請專家對賣方企業做鉅細靡遺的調查，包括對方的經營狀況、財務狀況、法律上的風險等等，但對於併購行為本身，卻常常產生疏忽。

CLG提供的眾多服務之一，便是合併與收購行為的支援。

公司合併之後，大家最希望的，無非是避免日常業務停滯、提升原本的業績，而且越快塵埃落定越好，但實際的情況卻常常不如人願。

由於什麼事情是重要的、該怎麼處理等懸而未決的事項太多，所以雙方常為了該採用哪方公司的做法而爭論不休，最後陷入混亂。再加上合併與收購事關重大，無法在事前告知全體員工，所以當消息一發布，員工會出現驚訝、不安等情緒，對公司或上司產生不信任感，而且容易開始對外散布不實謠言。

在這樣混亂的狀態下進行交接，員工會以原公司的出身形成派系，彼此之間難以建立信賴關係，甚至會出現互相攻擊、妨礙對方的行為。

很多事前從經營分析來看都非常完美的併購案，最後卻失敗的原因，大多是出在這一點。不過，這一點同時也是引導合併與收購邁向成功的關鍵。

換言之，併購企業時，第一步要做的，應該是觀察員工的工作情形，事前做好訪談、問卷調查，把對方的企業文化、企業風氣摸得一清二楚，然後將合併後可能會產生的問題以及伴隨性視覺化。接著才是磨合雙方公司的價值，以化解差異為目標，由經營團隊決定什麼事情對即將誕生的新公司是最重要的，以及應採取什麼樣的行為，並將它明文化。

合併與收購對公司、對每個員工會產生什麼樣的影響，什麼事情會產生改變、什麼事情不會改變等等，這些情報都要充分傳達給員工，盡可能消除他們的不安與疑慮。

然而，公司不可能等到決定好每個員工的日常業務細節後再進行併購，所以必須告訴管理職，問題產生時該怎麼解決，讓他們事先做好練習。每個案件的具體介入方法都不太一樣，以下為CLG過去支援某公司的合併與收購案件時所提出的方針，供大家參考：

- 雙方公司針對每項事業各挑出一位領導者，並指導他們協同工作的方法。
- 事先指導部屬在合併與收購公開當天，如何對外說明，以及說明的內容。
- 訓練上司學習在部屬即將產生不安的情緒與發生衝突時，找出解決方法。
- 透過網路支援，提供資訊給全體員工。
- 透過內部的網路交流平臺，建立一個由員工發問、經營團隊負責回答問題的機制，並教導大家使用方法。
- 製造機會，讓經營團隊可以直接對員工做說明。

日本百貨零售巨頭J. Front Retailing前執行長、曾幫助大丸百貨與松坂屋成功合併的奧田務也說過，在統合的過程中，最忌諱的就是希望雙方公司的企業文化都能同時保存。為了避免這個問題發生，雙方公司必須迅速推選出一個可以做出最後決定的負責人，由他選擇保留哪一方的企業文化[53]。

在合併與收購案中，能夠展現實績的優秀經營者，不只在事業計畫、財務、法律等方面都要做到盡職調查（Due Diligence），還要用同樣的審慎態度顧慮員工的行為，並做出應對。CLG提供的建議中就有考量到這點，而且是根據行為的科學原理，確實並計畫性的幫助客戶達成目標。

正向行為管理的特色，就是會測量經營的各項指標以及行為指標，並做事後追蹤，這點在合併與收購案中也不例外。

比如說，CLG以前曾在某間公司合併後，設定了一項關於員工行為的指標：希望員工在提到合併前來自不同公司的人時，不要使用「他們」這個指稱，而是一視同仁的統稱「我們」，以此作為行為目標。在顧問的協助之下，合併四個月後，他們就達成這個目標了。而且，據說在新團隊的通力合作之下，原本預計要花兩年才能達到的財務目標，他們提前一年就達成了。

會用「他們」來稱呼來自不同公司的同事，大多是在批判對方工作的方法或想法的場

53 奧田務，〈經營教室「J. Front Retailing 第三回：企業統合的祕訣」〉，《日經商業週刊》（二〇一四年一月二十七日）。

合。像是「他們老是怎樣怎樣」或「用他們的做法肯定會失敗」等等。

把稱謂改成「我們」，不但可以察覺到自己的批判性有多麼強烈，同時也可以順便提醒自己，**光是批判沒有用，必須一起積極向前看，想出一個可以跨越差異、共通化的方法**才行。

改稱謂這個介入手法，乍看之下只是表面工夫，其實會直接影響到標的行為（「他們」vs.「我們」）或其他的行為（思考如何使工作方法共通化）的伴隨性。

企業文化和風氣聽起來似乎是很模糊的概念，其實它指的就是顧客應對、文件整理、會議的進行方式，以及做出最終決定的方法，甚至是上班的穿著等等所有會對工作產生影響的重要因素。

企業文化說到底就是，對公司而言什麼是最重要的（價值〔V〕），為此，應該在什麼時候（先行現象〔A〕）做什麼事情（行為〔B〕），而又應該怎麼評價這樣的行為（後續現象〔C〕），這些現象的伴隨性統統集合在一起，就是企業文化。

為了讓擁有不同企業文化與風氣的人能夠一起工作，必須讓大家認識彼此的差異，在尊重雙方的前提下，決定出一個新的文化（伴隨性）。

文化這個概念雖然曖昧，但可以透過具體的伴隨性，把它視覺化，這樣才能建立起雙方共同討論的基礎。

■合併後常見的伴隨性

先行現象（A）	標的行為（B）	後續現象（C）
與其他公司出身的同事共事，在做法和意見上起衝突時	在背地裡說對方：「他們都……。」	獲得同間公司出身的同事認同（↑） ⇩ 永遠無法團結

■以稱呼「我們」為目標

<table>
<tr><th>先行現象（A）</th><th>標的行為（B）</th><th>後續現象（C）</th></tr>
<tr><td rowspan="2">稱呼「我們」的目標
＋
與其他公司出身的同事共事，在做法和意見上起衝突時</td><td>在背地裡說對方：「他們都……。」</td><td>稱呼「我們」的目標沒有達成（↓）</td></tr>
<tr><td>思考、討論怎麼做才能改口稱「我們」
改稱「我們」</td><td>決定一種共通的工作方法（↑）
稱呼「我們」的目標達成了（↑）
⇩
團結起來</td></tr>
</table>

個案研究6 併購成功的關鍵，始終是行為趨同而非財報合併

即使是事業規模超過一兆五千萬日圓的收購案，其成功的關鍵似乎仍然是行為。

下面我要介紹的案例，是某大型食品公司把自家公司一部分的事業，用換股的方式讓渡給競爭對手，使該事業獲得成長，同時自家公司的利益也得以提升。

在合併與收購案中，最常見的做法，就是把關於經營與財務的檢討列為優先，而將行為管理的檢討置後。在這則案例中，我們可以看到透過CLG的支援，雙方如何在事前做好周全的準備，使交接順利完成。

他們設定了兩大目標：（一）在日常業務不受影響的狀況下進行合併；（二）合併之後能確實提升業績。

屬於被轉讓部門的員工之中，有一部分人必須跟著轉到新公司。所以企業在合併或轉售部門時，最大的問題往往是人事問題，因為此時員工很容易產生不安與不信任感。其實，因為沒有處理好這個問題而失去好員工的案例，不在少數。

除此之外，合併還會產生其他風險。例如，合併之後員工可能會執著於前公司的工作方法，因此產生對立。在這樣的狀況下，業務上很容易出錯，疏忽了對顧客或客戶應有的應對，導致事業表現低落。

有人說合併就像是一輛車子一邊行進、一邊換輪胎，因此，**迅速的交接是成功的關鍵**。

這間公司在公布合併消息之前，已由雙方的領導階層組成一支核心團隊，確立新公司的理念、價值、事業計畫，並確實擬定好未來交接的行為計畫。**核心團隊的成員以配對的方式從雙方公司中挑人，**這些人將來都會成為新公司的管理階層。

接著，把雙方公司因為這次合併受到影響的員工、顧客與客戶等列出清單，針對每一群對象製作簡明易懂的資料，包括**理念、價值以及行為計畫**，並決定交接程序。還有，設定好溝通管道，讓員工在對外說明時，不是依據報導或傳聞內容去說明，而是以直屬上司準備的資料為準。

■圖表19　設立核心團隊的合併對策

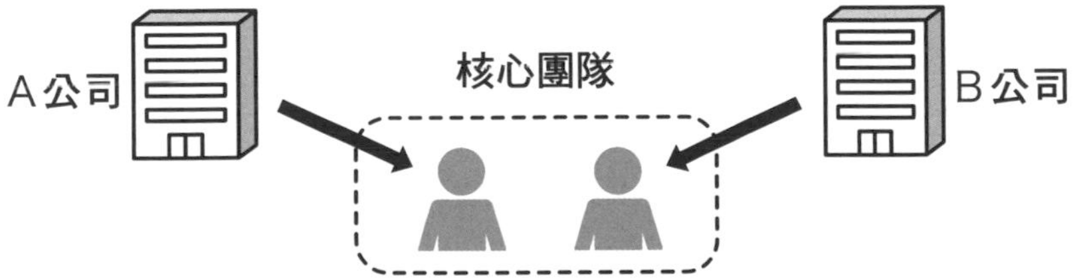

- 由高層以及雙方的管理職配對組成的團隊。
- 列出受合併影響的人員名單。
- 製作簡明易懂、容易據此作說明的資料。
- 設定溝通管道，使員工能從直屬上司那裡獲得資訊。

也要在事前決定好合併後的工作方法以及重要的經營指標：由誰來做、做什麼、怎麼做？透過核心團隊密集的檢討，找出最適合新公司的方法。

即使做好萬全的準備，難免還是有員工會心生疑慮。這時候可以在公司內部的網路平臺設置留言板，讓每個員工都可以用匿名的方式，向經營團隊提出問題，而且經營陣營必須在一至兩天內回答問題。

最重要的是，成果如何？

一般的合併案，在業務的整理和統合上常會因為財務、法律程序等，使時間受到拖延。但這個案例不同，他們公布合併消息時，新公司的員工已經做好準備，隨時可以在新的職場上展開工作，甚至還可以好整以暇的等待法律程序走完。

至於業績，不但沒有變差，多數部門的業績甚至開始增加，顧客與客戶的滿意度也獲得提升。此外，該事業交由新公司經營後，沒有優秀的員工辭職或退休，品牌的競爭力也提高了。

一件併購案，即使從市場分析、財務分析的角度來看可以產生龐大的利益，但如果無視行為的重要性，最後很可能會以失敗收場。

即使合併之後對公司有利，員工也不一定會因此買單。此時，一定要設計出對公司有利，同時也對員工有利的伴隨性，並具體實現它。

大規模的介入，該怎麼做比較容易成功？

正向行為管理有很多手法可以運用在大規模、整體性改造。透過成功的案例分析研究後，我發現它們有以下幾個共通點：

（一）找幾個能夠正確理解正向行為管理方法的人，以他們為中心組成核心團隊。
（二）教導公司所有部門的領導者學會正向行為管理的方法。
（三）所謂的教導並非單純的授課，而是要定位為與業務直接相關的企劃之一環。
（四）調整公司整體的行為目標，並制定出作為回饋使用的指標。
（五）同時運用這項指標，訓練部屬做技術性的練習。
（六）分不同層級調整方法，強化每個層級的領導者行為，並確保他們會按照計畫訓練部屬。

改變行為並非萬靈丹，你得先確認哪個環節需要改善

正向行為管理可以用來支援經營戰略與事業計畫的進行，但不代表透過行為改變就能解決企業的所有問題。有時最佳的解答並非改變行為，在這樣的情況下，若硬要把目標設

定為改變行為，並非明智之舉。

那麼，要怎麼判斷什麼時候才適合把著眼點放在改變行為上？

以CLG來說，他們是透過DCOM這個診斷工具來判斷。

DCOM是從某項研究中發展出來的診斷工具，該研究專門調查那些業績持續高度增長的企業，研究這些企業具備的共同特性。

只要從四個評價點的切入，各回答其中的十幾個調查項目，就能找出自家企業尚有改善空間的部分（改變行為、績效標準，軟體或硬體？），以成為業績持續高度增長的企業為目標，向前邁進。

為了開發這套診斷工具，他們針對據點設在美國的全球化企業進行調查。他們對高業績企業的定義是，連續長達十年以上在其業種中都排名前二五％的公司，並調查這些公司和其他公司的不同之處。

他們把營業額、利益等各項經營指標，以及顧客滿意度、員工滿意度[54]、安全管理等紀錄（事故件數等），拿來與評價企業管理的多項指標對照，找出可能是高業績企業與其他企業分水嶺的項目，經過類型化之後，整理出下面四項評價切入點：

D為方向性（Direction）：這類的項目群是用來評量員工對於企業的理念、經營目標、事業計畫等是否有共同的認知。比如說，當員工多數不知道企業理念為何，或者事業目標多到讓人記不清楚時，就會成為分水嶺。

C是競爭力（Competence）：指的是公司或員工，**是否具備能夠達成企業經營目標的能力**。有趣的是，這項能力除了事業要求的專業性之外，還包括與他人共事的技巧、問題解決能力，以及經營技巧（成本意識等）。

O是機會（Opportunity）：這個評價的項目群，主要是評價與事業目標相關的權限以及預算等各項資源，**是否正確配置**。為了避免商機流失，最好的方法就是迅速做出決定，為此，**則必須授予第一線人員一定的權限**。關於這點，傳統型企業應該還有很大的改善空間[55]。

M是動機（Motivation）：這個評價項目群是用來檢視當員工達成目標時，有沒有獲得上司的認同；簡單來說，就是檢視上司在進行管理時，是否有做到正向強化。除此之外，還可以檢視員工是否能接受上司對自己的工作所做的客觀評價，以及該評價是否和方向性（D）項目中所揭示的目標和理念一致。

54 即ES指數（Employee Satisfaction），越來越多企業開始重視這個指數，並配合顧客滿意度（Customer Satisfaction）一起來看。

55 曾經為三住集團（MISUMI Group）帶來飛躍性成長的三枝匡及許多經營者就認為，把組織縮小到容易管理的規模，並授予各組織領導者較大的裁量權限，才是企業重生的解決之道。

DCOM所有的評價項目，加起來超過七十種，由於此為商業機密，所以無法將所有細項都介紹給大家，但在我獲得許可的範圍內，我挑了一個我個人非常喜歡的指標，為大家詳細介紹。

這是一個包含在方向性（D）項目中、稱作「統合指標」的概念。據說，高業績企業和其他企業比較起來，經營目標的數量比較少。當然光少還不夠，品質也很重要。怎麼判斷目標的品質夠不夠好，可以從兩點切入，第一，它能夠含括多少其他指標；第二，它是否為該事業的重心。

以航空公司為例，他們可以把指標設定為飛機折返的準備時間，比方說不超過二十分鐘。這個目標和維修員、櫃臺人員、行李搬運人員等許多員工的行為有關，必須要所有人一起努力才有可能達成。

舉例來說，櫃臺人員即使受理旅客辦理登機的時間過長也沒關係，只要他肯幫忙搬運行李，還是有可能減少大目標所延遲的時間。也就是說，設定統合指標，並製造強化目標達成的伴隨性，就可以實行與強化「員工們同心協力」這個標的行為。

當然，你也可以將與經營目標相關的行為目標作為中繼指數，發揮放大鏡的效果，但統合指標更特殊的地方在於，它可以匯集複數的部門與員工，以及複數的行為，制定出一個行為指標[56]。

DCOM是給希望成為高業績企業的公司使用的診斷工具，讓他們可以透過客觀的判斷依據，決定從何處著手進行改善。

正向行為管理，大多是用來改善動機（M）指標的部分，但也未必通通都是如此。比如說，若方向性（D）指標還有改善空間的話，可以聘請顧問支援你製作統合指標，或是把公司的理念、目標傳達給全體員工，設定並運用可用來評價日常業務的機制（伴隨性）。

56 這麼一來，就可以設計出強化「員工們同心協力」這個行為的伴隨性。順帶一提，這樣的伴隨性稱作「集團伴隨性」，設定的方法如果錯誤，一不小心就會強化了競爭、妨礙等行為，請多加注意。

第 5 章

管理部屬時，最常出現的誤解與疑問

Q

正向行為管理反對懲罰，那部屬犯錯怎麼處理？

A

據說最近越來越多年輕人希望上司多責備自己，這大概是物極必反的緣故吧。過去比較常聽到的是，越來越多部屬只要稍微受到嚴格對待，就會心情沮喪，甚至選擇離職、退休，使得上司在責備部屬時不得不有所節制。

這裡首先要做一下區別，此處說的「責備」，和本書介紹的懲罰物或懲罰的概念有所不同。**正向行為管理並不鼓勵大家使用懲罰物或懲罰，但不是說「任何時候都不可以責備部屬」**。

曾養育過小孩的人應該都有類似的經驗：小孩子有時為了引起大人注意，會故意調皮搗蛋。這時候若責備他：「你在做什麼？」反而會招致反效果。小孩子的搗蛋行為會因為引起大人注意而獲得強化。你越罵，他越搗蛋，狀況越演越烈，最後演變到不可收拾的地步。

小孩子一直不聽話，所以忍不住大聲喝斥，甚至把小孩子罵哭。應該有讀者曾經這麼做過吧。這時候，小孩的搗蛋行為會暫時停止，至少持續數分鐘，而大人的喝斥行為會因此獲得強化。

然而，由於小孩子確實「引起大人注意」了，使得他的搗蛋行為又獲得強化。想必幾天後小孩又會開始搗蛋，大人又開始責罵，同樣的場面將不斷上演。

意即，對小孩來說：V（引起大人注意）＝B（搗蛋）。

對大人來說：V（小孩安靜）＝B（責罵小孩）。

雙方的行為套用在公式中完全合理。其實只要仔細看就知道，這兩個公式是互為表裡。

本以為責罵可以懲罰搗蛋的行為，卻沒有發現已經產生惡性循環，大人越罵，小孩越搗蛋，相信有這種困擾的大人應該不在少數。

也就是說，視不同的場合和狀況而定，有時候對對方來說，「責罵」不一定會發揮懲罰物的

■圖表20　小孩被父母責罵，搗蛋行為卻不減少的原因

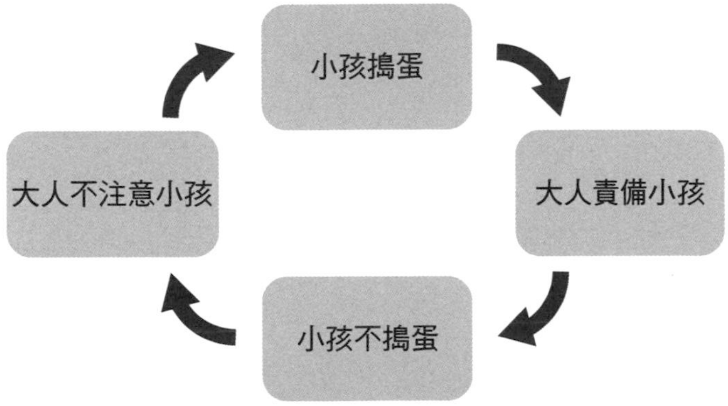

作用[57]。

當然，上司責罵已經是大人的部屬，大概不太會演變成這樣的情形；我只是要告訴大家，區別責罵和懲罰物的觀念很重要。

作為領導者，**不能始終認定某件事對部屬來說是增強物或懲罰物，而是要一邊確認它是否發揮增強物或懲罰物的作用，一邊使用**。

假使你是上司，對部屬來說，你的責備屬於懲罰物時，會發生什麼事？

你若是把部屬叫到自己的座位前罵他，他就會覺得走向你的座位就是懲罰物。久而久之，他就變得不喜歡靠近你的座位。假如部屬被你罵時，你都狠狠的瞪著他，以後他就不太敢看你的眼睛，會低著頭，避免和你四目相接。若是部屬要向你說明什麼事情時被你罵，往後就會不太敢找你說話，搞不好連「報告重要事項」這個行為也跟著減少。

即使責備部屬犯的錯誤無可厚非，但當下仍會出現懲罰的效果。因為，和強化一樣，在懲罰的公式中，懲罰物一出現，就會造成前一刻的行為減少。

而且，欲使用懲罰物達到懲罰效果，會產生下列的副作用：

- 引起部屬的負面情緒。他會感到羞愧、悲傷、沮喪。
- 降低部屬所有行為的頻率。這是因為他會感到沮喪，變得不愛講話，甚至工作效率也會大幅降低。

• 他會不想靠近使用懲罰物的人（也就是你），不僅靠近的行為減少，甚至還會討厭你，對你產生反感和不信任感，最糟糕的情況就是出現攻擊行為。

這樣的情況若持續下去，可以想像部屬會變得憂鬱、難以入眠、食慾不振，不僅身體出問題，罹患精神疾病的機率也會變高。

這就是**透過懲罰物引發的情感波動公式**。

透過懲罰物引發的情感波動公式：

懲罰物↓負面情感（E^-）

懲罰物↓活動力下降（B^-）

懲罰物↓懲罰物增加（A^-及C^-）

持續累積下去↓罹患精神疾病的風險大增

使用懲罰物管理部屬，就會出現以上這些不理想的副作用，但問題還不只這些。

---

57 不是自以為是的增強物（見第三章第三節），而是自以為是的懲罰物。

最重要的是，**懲罰物無法使你期望的行為增加**。懲罰的公式就像它的定義一樣，是用來減少行為的公式，所以你無法透過懲罰，使部屬成長或讓團隊變得更強。

通常上司會忍不住責備部屬，幾乎都是因為部屬沒有做到他期望的行為。**想要增加部屬的行為，就應該使用強化的公式，而非懲罰的公式**。

希望部屬不要重複犯下同樣的錯時，可以使用強化公式中的「前驅性回饋」（見第四章第三節）。

所謂的前驅性回饋，就是**告訴部屬他犯了什麼錯誤，並教導他應該怎麼改正**。必要時**親自示範給他看，再讓他試做**，假使還是不會，就教他方法（由淺入深），這就是我們前面教的行為塑造（見第二章第五節）。若能成功，就能強化部屬的行為。

接著，再設定下一次可以讓他做同樣行為的機會。比如說，鼓勵他：「明天在會議上報告的時候，你就像今天這樣，再試一次。」最後，確認他在下回有沒有做到你期望的行為，如果有，就會強化他的行為。

簡單來說，**前驅性回饋就是把錯誤或失敗當作絕佳的學習機會**，希望透過各種方法讓部屬能在當場以及下一次的機會中，做到上司期望的行為，同時強化它。

當你告知部屬錯誤時，語氣盡量要不帶情緒、冷靜的說話。這麼做可以降低情感波動公式造成的副作用。還有告知的時候，最好不要有其他同事在場，這點也很重要。

使用這個方法，或許部屬仍會有「挨罵」的感覺，但同時也會感覺到「上司正在指導我」。

只要他在下次的機會中，成功做到你期望的行為，就會獲得強化的伴隨性，重複多次之後，這樣的前驅性回饋就有機會慢慢轉變為增強物。

雖說最近越來越多年輕人希望被上司責備，但我想他們真正的心情，應該是希望能接受上司更多的指導。

有些會造成部屬內心不安的責罵或威脅，就沒有必要去做，因為百害而無一利，對於培養部屬的自主性、創新力也會起負面作用。若你也是時常忍不住罵人的上司，可以試著練習前驅性回饋。

Q

行為塑造強調誇獎強化，部屬不會長不大嗎？

A

與其把重點放在誇獎，不如放在強化上，因為誇獎本身並非一定是可以強化對方行為的增強物。

正向行為管理非常重視正向強化，也鼓勵大家這麼做，但不代表對任何事情都要胡亂誇獎一通。

誇獎多了，說不定有些上司心裡還會覺得：「我明明這麼常誇獎他，這傢伙卻一點改變也沒有，根本沒把我放在眼裡！」反而陷入個人攻擊的陷阱。

為了避免掉入這個陷阱，可以試著檢視以下幾點：

有時候誇獎對方不一定會產生強化的作用。例如「你最近很努力喔」、「做得不錯嘛」這種含糊的誇獎，或是「XXX，我很信賴你喔」、「XXX，客戶對你的評價非常高喔」這種吹捧的話，若使用得當，確實可以和部屬建立起信賴關係，但它們都不是針對與業績相關的特定行為所做的評價，所以無法強化行為。換言之，誇獎不等於正向強化。

正向強化的方法有很多，稱讚不過是其中之一。你可以再找找看有沒有其他可用的增強物。

我第一個推薦的，就是以放大鏡效果為目標的中繼性增強物。把對部屬的期望行為化、精準化，再根據成果溝通公式清楚的傳達給部屬，接著記錄標的行為、把紀錄視覺化。幾乎在所有狀況下，這個做法都可以產生正向強化的作用[58]。

在第三章介紹的管理計時人員的例子中（個案研究3），他們把每個月的行為目標達成率視覺化，不只是確認達成率有沒有上升，還可以搭配當月的行為目標清單做確認，看是不是都有達到。這些動作都可以產生正向強化的作用。

還有在第四章銷售預測的管理（見第四章第三節）中，把業務會議的標的行為精準化、把達成率視覺化的例子。這個例子也是一樣，只要達成率提升，就能發揮正向強化的功能。

順利的話，行為指標的變化會先於達成指標。領導者使用成果溝通公式，把行為和成果之間的關係清楚表達出來，並告知行為指標的達成度，這麼一來，行為指標就可以當作中繼性強化物使用。

不管你言語上怎麼稱讚部屬，假如稱讚的內容與他的工作和業績無關，就只是單純的

58 當然，前提是公司的業績提升（營業額增加等）、業務上的成果（顧客的滿意度等）對他本人來說都是增強物。

吹捧，部屬也會有所察覺，便無法產生強化效果。

相反的，假如你稱讚的是與業績相關的事，比如說標的行為的實行或進步，這樣的稱讚就能發揮強化物的功能：

「聽說你這個月的行為目標，達成了九〇％耶，好厲害！」

「這個禮拜和上個禮拜一樣，檢查實施率都是百分之百，真是太棒了！」

對不擅長誇獎別人的領導者來說，這個方法應該比較容易實行。

正向強化是指會對特定行為產生作用的現象。當增強物出現，當下被實行的行為或類似的行為會獲得強化，往後出現的頻率自然會增加，除此之外的行為並不會增加。

當你一直誇獎部屬，部屬卻頻頻做出讓你覺得是「得意忘形」的行為時，很可能是因為你希望他增加的行為並沒有被精準化出來，或是誇獎的時機點不對，又或是沒強化到標的行為，反而強化到他「得意忘形」的行為。簡單來說，就是使用的方式不對。

另外，使用正向強化的時機點，一定要在部屬實行標的行為的時候，非標的行為就不要去強化它。也就是說，**並非部屬在任何時候做任何事情時，你都要稱讚他**，這是大部分人常犯的錯誤。

正向行為管理若使用得當，你的部屬應該不會有「我受到上司寵愛」的感覺，應該會覺得「上司真的很用心培育我、關心我」。

當你覺得部屬得意忘形的行為增加了，這時請確認你期望他做的行為，是否確實的被精準化，接著，透過各種手段設定可以強化特定行為的伴隨性，包括誇獎，然後再確認他實行的狀況。

話說回來，為什麼很多人不喜歡誇獎部屬呢？從背景來思考，大概有幾個原因。

第一個原因，就是強化的特性。靠誇獎產生的行為變化，必須花很長時間累積才能看到成效，因為部屬的成長是屬於聚沙成塔型。再者，根據足夠分量的公式（見第二章第二節）的定義，上司的誇獎行為不會因為部屬的成長獲得強化。

相反的，高分貝的威脅，可以使被威脅方立刻改變行為。根據即時性的公式（見第二章第二節）的定義，被威脅方改變得越快，威脅方的行為就會越受到強化。正因如此，放任情緒發洩、高分貝斥責的行為特別容易被強化。

此外，日本的文化也是影響的因素之一。日本人和歐美國家的人不同，對於當面稱讚別人，或在公眾場合受到表揚時，容易感到害羞。另外，我認為比起聽到某人讚稱誰什麼，日本人更喜歡聽到誰批評或諷刺誰什麼。這背後似乎藏有一種伴隨性，那就是比起誇獎別人，貶低別人更能引起周遭人的注意，因此這樣的行為更容易獲得強化。

教育制度也是影響甚深。我認為強化行為的技巧很重要，可以讓人的生活變得更幸福，但學校不會教這個，這使得一般人無法系統性的學習本書解說的行為公式，以及使用方法。

照這樣看來，大家會對稱讚部屬感到抗拒，也非不可思議之事。其實，只要思考它背後的伴隨性，反而會覺得這是很自然的事。但也不要因為自己無法稱讚部屬而責怪自己，認為自己不配做上司、欠缺當領導者的資質等等，這樣就落入個人攻擊的陷阱了。

總之，誇獎若能運用得當，它就可以成為領導者最大的利器。想想看，它的行為成本幾乎是零，不用花錢，但它的效用很大，可以激發出部屬的行為潛力。

真的不擅長稱讚別人的人，可以試著使用放大鏡效果，制定一個可以透過達成指標、進而強化部屬行為的機制，而自己只要扮演告知達成結果的角色即可。

告知達成目標這個行為做久了，或許你也越來越會稱讚別人。

Q 「只要關注行為，不理對方情緒」，這就是行為分析？

A

「只要關注行為，不用理會對方的心情」這是一般人容易對行為分析學產生的誤解之一。

首先，行為分析學把「心情」也看作是一種行為。

請看透過懲罰物引發的情感波動公式就可以了解，懲罰物會讓對方產生不安、憤怒、害怕等負面情感。因此，正向行為管理並不建議大家忽略部屬的情感，反而認為顧慮到部屬的情感是非常重要的行為。

除了顧慮到部屬的情感，還有一點也很重要，那就是不要把情緒當作是行為的原因。下面我舉咖哩店的經營為例來說明。

就常識來思考，我們傾向認為客人是因為喜歡咖哩（心情），所以點咖哩（行為）。其實，這是常識的謬誤。如同知識並不是行為的原因，情緒也不是造成行為的原因。

行為分析學是這麼想的：因為點咖哩（行為）後，可以吃到咖哩（增強物出現），使得點咖哩的行為獲得強化。

至於咖哩的哪些特點會被視為增強物，可能因人而異。有些人喜歡它的辣度，有些人喜歡它的香料，有些人喜歡它的口感。只要調查客人點哪一道咖哩，就可以推斷出他的增強物為何。甚至可以透過改變咖哩口味，檢驗推斷的正確性。

「喜歡咖哩」的心情（情緒）並非增強物，它是點了咖哩，吃完咖哩之後才出現的行為，和點餐完全是兩回事。這個心情可能因為獲得別人的贊同：「我也喜歡吃。」而獲得強化，或是當他說：「我喜歡吃咖哩。」這時，有人回應：「那我來做給你吃吧。」此時也可能獲得強化。

因此，為了讓客人常常點咖哩來吃（增加顧客的購買行為），應該在客人說出「我喜歡吃咖哩」之前，找出並提供可以強化他點餐行為的增強物。簡單來說，就是在辣度、香料、配料等地方多下點工夫。

若誤以為情緒就是行為的原因，勢必很容易忽視這些真正可以增加行為的必要因素（味覺、口感等）。

情感波動公式不只適用於懲罰物，也適用於增強物。用在增強物上，它所產生的作用和懲罰物完全相反，像是開心、昂揚、安心等都是正向情感，可以提高整體的活動力。

標的行為若是透過增強物獲得強化，還會連帶產生自信與自豪的心情。換言之，使用增強物進行管理，所產生的「副作用」都是健康的。

透過增強物引發的情感波動公式：

增強物→正面情緒（E^+）

增強物→活動力上升（B^+）

增強物→增強物增加（A^+及C^+）

標的行為若是透過增強物獲得強化→產生自信與自豪的心情

但這些只是副作用，只有當與成果相關的標的行為獲得強化後，才有意義。若增強物是出現在與標的行為無關的地方，不僅標的行為不會被實行（消退），反而會變成「工作不怎麼樣，卻自信滿滿」的狀態，也就是徒有正向情感，卻沒有成果。對這類部屬感到棘手的人，可以確認部屬的伴隨性是不是處於這樣的狀態。

正向行為管理雖然會顧慮到被管理者的心情，但不代表改變心情就能改變行為。很多時候，行為不會因為心情而改變。

常見的誤解

情感並不是行為的原因

情感（E） $\nrightarrow$ 行為（B）

情感是伴隨性的副作用

$$V = A \times B \times C$$

$$\downarrow$$

$$E$$

Q 給部屬自主，那進度落後怎麼辦？

前面提過，提升自主性的方法是盡量減少先行現象、增加後續現象（見第二章第三節），但意思不是叫大家把所有工作全丟給部屬。

A

我也不建議對部屬說：「做什麼都好，先試著做看看。」這樣要部屬試做，會讓部屬行為的強化率下降。強化率一旦下降，部屬就會變得不安，你期望他做到的行為也會減少，甚至導致工作進度落後。

這時候，領導者應該做的，是對部屬進行成果溝通，明確傳達你對業績的期待，以及強化為了達到這個目標必要的標的行為。

如同在第三章的練習題中提到的，針對與刪減經費相關的標的行為進行精準化的例子，以及後面會提到的，針對與開發研究相關的標的行為進行精準化的例子，這些例子都告訴我們，即使沒有指定內容細項，還是可以決定標的行為。

領導者應該做的是，**以業績指標加上行為指標作為羅盤**，給予部屬方向，確認部屬行為是否確實朝著目標前進，並持續給予回饋。同時也要確保給予部屬必要的權限與預算，建立一個適合部屬實行標的行為的環境。這麼一來，部屬的行為強化率就能提升，達成目標的速度也會加快。

在全球化腳步加快的現代，商業往來對於速度的要求越來越高。LifeNet生命保險公司的執行長出口治明認為，只要將權限明確化，再把工作交給部屬，就能提升工作速度[59]。事實勝於雄辯。這點唯有各位實際試過，才能體會。

不過，並非所有的工作都需要自主性。比如說安全管理的業務，一旦決定了標的行為，就必須嚴格實行，沒有商量的餘地。若標的行為是部屬沒學習過的，應該先透過行為塑造指導部屬。

除此之外，領導者還肩負一項任務，那就是明確區別出什麼是重視自主性的業務、什麼是應確實完成的例行公事。

59 出口治明，《有下屬的話必讀！「交代工作」的教科書，千萬別變成「校長兼撞鐘」的經理人》（二〇一三）。

Q 我用心培養，他卻強烈反彈，怎麼辦？

A

有些人讀完行為分析學的書，忽然覺得茅塞頓開，十分感動，很想把這些方法導入職場，卻無法獲得周遭人的理解，難以推行。

我聽他們描述情況後，發現了一個共同點，那就是，他們一開始就希望上司、同事、部屬能理解行為分析學的概念或用語。強迫別人接受某種知識，通常只會惹人厭，即使你介紹的知識多麼厲害、多好用，也是一樣。更別提這種牽扯到改變工作方式的提議，對此越有正確理解的人，反而會越慎重、起疑。

人一旦被強迫做某事，很容易產生一種慣性，不是做指定以外的事情，就是消極怠工。這個現象稱作反擊控制（counter control）。它的公式如下：

反擊的行為公式：

因為強制行為產生反擊控制的現象

（A）上司的命令或指示→（B）部屬做指示以外的行為→（C）上司感到困惑

根據ABC分析的推測，部屬的反擊對上司來說，反而是學習的絕佳機會。

當部屬被強迫做某件事時，心理會產生排斥感，於是不聽令行事。接著，他又看到下命令的人露出困惑的表情，於是反擊的行為又會進一步獲得強化。

除非是獨裁國家，否則在尊重個人自由的國家中，勢必會出現這樣的現象，而這對上司來說，其實是非常有益的學習機會。當你強迫灌輸某種知識給部屬，希望改變部屬的行為時，反而會觸發反擊的行為公式。

就像本書不斷重複的，想改變行為，就必須改變伴隨性。那些「無法獲得身邊理解」的人，正因為他想要說服周遭的人，反而觸發了反擊的行為公式。

相反的，會跟我報喜說「我回去嘗試照著做，結果成效很好」的人，也有一個共通點：他們做的第一件事情，就是改變伴隨性。當然，一定要是對部屬、同事、本人有益，而且是可以強化與業績、成果相關的行為的伴隨性才行。

建議那些感嘆無法獲得周遭人理解的人，可以試著從改變伴隨性、改變行為開始做起，因為行為並不會因為知識而改變。

Q 部屬行為還是沒改，行為分析法有用嗎？

A 常有人問我這樣的問題：「我已經讚美過他了，他也沒什麼改變。」、「我已經給他正向回饋了，但業績仍然沒有提升。」、「我的指示已經很明確了，部屬還是搞不懂。」等等。

先不論他們的問題出在哪，首先，光是鼓起勇氣去做，這一點就值得為他們鼓掌。但想要進入到下一個階段，還要注意以下兩點：

（一）別擔心，很少有人第一次做就成功

正向行為管理並不是告訴大家怎麼做才對的「如何做」（How-to），而是告訴大家怎麼做可以找到成功的方法，也就是「用來發現如何做（How-to）的方法論」。

正向行為管理是以行為分析學作為理論基礎，而行為分析學並沒有所謂「平均人」的概念。每個人的個別差異性很大，什麼樣的後續現象在什麼時候會發揮增強物的功能，幾乎不可能用統計數字的平均值來事前預測，即使這麼做也沒有意義，因為最終的成敗，還是要看眼前這個人的行為到底有沒有改變。

首先，要分清楚什麼是不受個人差異影響的普遍性原理（本書的公式），什麼是會因個人或客觀條件而變化的因素。接著再依照個人、組織、文化的特性，制定客製化的管理方法。

就像買衣服一樣，即使知道自己的尺寸，也要試穿看看才知道合不合適。太緊就換大件一點，太鬆就換小一號的，比較看看哪一件穿起來最舒服，甚至連衣襬、衣袖的長度都可以修改。

連買衣服都需要這樣修修改改，更別提行為管理，所以我們不可能一開始就提出一個完美的方法。

最重要的是，不斷改善、朝最終目標邁進，並想辦法擷取對改善有益的情報。這就是為什麼正向行為管理這麼重視行為紀錄的原因。

（二）啟動PDCA循環，增加螺旋式改善的練習機會

你隨時都可以開始做。不過既然決定要開始實行，不如就把它當作是啟動PDCA循環的練習機會。

比如說，當你誇獎了部屬，對方卻沒什麼改變時，請確認以下幾點。修正你覺得有問題的地方，重新再試一次看看吧。

- 標的行為是否明確化？
- 是否通過死人測試（見第一章第五節）和NORMS測試（見第三章第一節）？
- 作為先行現象的成果溝通（見第一章第六節）做了嗎？
- 部屬已經完全學會標的行為，只要他想做就做得到嗎？
- 對部屬來說，你的稱讚算是增強物嗎？還有沒有其他好用的增強物呢（見第三章第三節）？

Q 我不知道什麼是我要的「標的行為」，怎麼精準？

A

像是客戶服務、品質管理、安全管理等，這些層面相對來說，比較容易找出與提高業績相關的標的行為。特別是如果每天的業務都是常規作業的話，只要從幾個方面下手，包括詢問部屬、行為觀察、課題分析、營業額與顧客滿意度的連動、事故與客訴的發生等等，就可以找到行為變化的核心點。

較難進行精準化的職場，應該是期待每天的行為都和昨天不同的職場，最具代表性的例子是研究開發等創新活動。例如，新產品的開發團隊，要怎麼精準化其行為？

即使知道持續開發出競爭對手沒有的創新產品，是決定公司業績與命運的關鍵，但大概不少經營者都不太敢對研究開發團隊的工作表示意見。除非經營者自己就是研究開發人員出身，否則應該不太了解這個團隊在做什麼，或應該怎麼做。情境短片法在這裡也派不上用場。

以下，我要介紹一個由CLG經手的顧問諮詢案例，藉此回答這個問題。

該公司的經營團隊由副總經理指揮。而負責指導的CLG顧問向經營團隊建議，應針對研究開發部門的工作進行精準化，這時全體人員都口徑一致的表示：「我們不懂，也不想干涉。」

即使如此，顧問仍追問：「假如從經營管理公司整體的角度來看，你們認為要用什麼指標作為評價標準？」他們提出了兩項指標「預算的執行狀況」和「已申請研究的進度」。

至於指標的製作方式，前者為，每個月統計已執行預算的金額，占每月總預算金額的比例；後者為，已照計畫實施的實驗，占申請書中所有計畫的比例。

接著，經營團隊開始調查哪個人的什麼行為，會受這兩項指標影響。

這間公司的研究開發部門，依照研究主題分成各個小組，所以他們召集各小組組長，詢問哪些行為會受到這兩項指標影響，並請他們提供可以具體掌控狀況的方法。結果，組長們呈上了許多提案：

- 讓成員在每週例會上報告預算執行狀況（進度管理）。
- 計畫照預定執行的話就給予認同，沒有照計畫執行時要詢問原因。
- 預算管理：只要是五十萬日圓以上的支出，研究開發部門必須事先告知採購部門，該筆預算是否足以用合理的價位購買研究開發所需的器材（有時採購部門購買的器材並非研究小組需要的）。

・提早發現進度落後的實驗，並擬定改善對策。
・關於採購的物品，可以委託公司內部的品質管理部門進行品質檢查。

以上列出的每個意見都非常妥當。只要公布具體的經營指標，就經驗來說，在現場工作的員工自然會告訴你哪些行為會受到影響。但你不可能將所有行為都精準化，一次最多只能管理一至兩個行為。

於是，經營團隊檢討組長們的意見後，最後選出「讓成員在每週例會上報告預算執行狀況」以及「提早發現進度落後的實驗，並擬定改善對策」這兩項行為。

為了讓這兩個標的行為通過NORMS測試，他們做出以下定義：

■ 每週五早上集合所有研究小組開會。
■ 在會議中，各組要報告大型預算項目在當週的執行狀況。
■ 小組要分別報告所有研究中，目前照計畫進行的實驗、落後的實驗、尚未進行的實驗的件數。
■ 針對超過預算的執行項目，以及沒有按照計畫進行的實驗，必須選出一個負責人，限定他在一定時限內提出對策。

各小組必須把負責提供的資料濃縮在一張報告用紙上，如此一來，對研究開發現場的行為不了解的經營團隊也能掌握狀況。比如說，看到一些進展順利的實驗，以及追上落後進度的實驗，經營團隊可以根據這些事實，對研究組長或負責人的行為表示認同。

精準化的作業，其實也是一種將他人難以察覺的行為視覺化的作業。

特別是在某個部門不知道應該做什麼，或不清楚某項業務的重點在哪裡的狀況下，行為化和精準化對業績產生的影響力將難以估計。

Q 這種老美的管理方法，我公司可以套用嗎？

A

行為分析學是發祥於美國的心理學，現在世界各地都有人在研究它。所以可以肯定的是，**本書所介紹的行為公式，不分人種、文化、國家皆適用**。

以行為分析學作為基礎的正向行為管理也是一樣。就目前來說，日本企業引進這些公式的案例並不多，但在教育界和醫療機構已經十分普及。就像我在本書中為大家介紹的許多案例，包括我在內，雖然規模不大，但日本現在確實有一些大學的研究室，正在進行正向行為管理的個案研究。

CLG的總公司在美國，主要的客戶是美國企業，但這些企業都在全球各地拓展事業，所以他們的顧問做出的實績，其實是遍布全世界。

另外，文化也是一種伴隨性。因此，當一個企業擁有不同的文化和風氣，就必須針對它的文化或風氣建立適當的介入方法。就像成功導入美國猶他州油田的介入方法，不一定適用於智利外海的油田；他國的成功案例，也不一定能原封不動的套用在日本的公司。

但這裡指的是具體的介入方法。本書介紹的領導能力公式，如上述，不分人種、文化、國家和企業皆成立。

科學可以同時處理普遍性和特殊性，而且可以明確指出哪個範圍內屬於普遍，哪個範圍外屬於特殊。比如說，假如半天沒喝水，水分就會變成增強物，找水喝的行為就會獲得強化。這是普遍性極高的現象，甚至不分物種皆成立。

但另一方面，因為找水而受到強化的行為，可能會受到語言的制約（比如說「請給我水」vs.「Water, please.」），或文化的制約（直接說「給我水」vs. 委婉的說「今天天氣好熱」），這些都是特殊性較高的現象。

科學把「為什麼」（Why）和「如何做」（How-to）區分得很清楚。「為什麼」是普遍性高的原理原則。本書的行為公式就是把原理原則單純化。「如何做」就是運用原理原則找出解決方法，相當於本書以ABC分析為基礎所制定的介入方法。

正向行為管理的強項、特徵就在於，它確立了科學性的方法論，因為它有行為分析學這門科學作為思考架構。也就是說，它可以明確的區分世界任何一個地方都成立的全球化法則（為什麼），以及應配合當地條件做本土化的變數，並根據有效的介入（如何做），制定出管理方法。

在事業全球化需求高漲的現代，有辦法加入文化變數的方法論，它的價值在未來勢必水漲船高。

正向行為管理的方法不僅適用於日本，而且能夠配合世界各地文化做本土化思考。

但是，經營者或管理職之中，有人喜歡學習最新的「科學化」經營，經常導入各種新的經營手法，也有人質疑這樣的方法。

很遺憾的，世間流通的各種號稱科學化的經營理論，大多沒有明確區別我前面說的「為什麼」和「如何做」，不然就是以理論（為什麼）居多，實踐的案例少。

管理部屬行為這件事，空有理論並不科學。在職場中，做事講究的是「如何做」。因此，最好的做法就是一邊進行「如何做」，一邊透過「為什麼」提高「如何做」的功能，這就是以科學作為基礎的實踐。

身為經營者，即使你早已對市面上充斥的各種新穎但派不上用場的科學理論感到厭煩，但我仍真心推薦你，試著挑戰本書提供的這種真正科學化的經營方法。

延伸閱讀⑨——不是美式、不是日式，全世界都合適

經營東京迪士尼樂園的ＯＬＣ（Oriental Land Company）有一套管理手法很有名，可以讓九成的準員工（編按：即工讀生。但ＯＬＣ把工讀生當正職員工訓練，

所以用「準員工」來稱呼，而非稱工讀生）產生工作的動力以及成就感。

這個方法就是在加入角色扮演的研習中，在ＳＣＳＥ（安全〔Safety〕、禮貌〔Courtesy〕、娛樂顧客的表演〔Show〕、效率〔Efficiency〕）這四個原則下，讓準員工們練習具體的行為。當他做到公司期望的行為時，就誇獎他。當他做出公司不期望的行為時，就跟他說明不希望他這麼做的理由，並改變他的想法，或是直接示範給他看，若做到了，就給予稱讚。其實，這就是前面提到的前驅性回饋。

不僅如此，準員工要把正職員工和上司都當作顧客一樣對待，若正職員工覺得自己受到很好的服務，可以直接告訴對方。而上司可以透過給予五星卡（Five star card）表達讚賞之意。積分越多的人，可以拿來換獎品。

這套強化正確待客行為的方法，他們不只研習時使用，研習後也持續施行。

或許有些讀者覺得，這樣的管理方法很美式，其實不然。

ＯＬＣ是純粹的日本企業。雖然美國的華特迪士尼公司（The Walt Disney Company）有提供業務協助，但它的營運完全是獨立的。

我想，同時去過日本和美國迪士尼的讀者應該知道，在東京迪士尼可以體驗到日本特有的、極為細心的款待服務，這是在美國迪士尼樂園和迪士尼世界所感受不到的。當然，東京迪士尼的員工大多是日本人，裡面一定包含了文化的因素。但我認為，我們應該把目光放在他們是用什麼方法，打造出這種日本式的款待服務。

我在美國留學的時候，曾經擔任教學助理和研究助理，指導大學部的學生撰寫畢業論文。為了確保學生的研究進度不落後，我要他們每個星期設定目標，並導入可以強化他們達成目標的機制。這時，常有學生對我說：「這完全是日本式的做法吧。」

之後，我回到日本，把同樣的方法用在日本的大學生身上，結果學生的反應卻是：「這完全是美式的做法吧。」

兩邊都說錯了，正確解答是「這完全是行為分析學的做法」。但當時還年輕的我，總是半開玩笑的回答他們：「對啊，我們日本的技術正是靠這個方法做後盾」、「對啊，這是美國最先進的方法喔，大家都在用。」

還有一點，本書所介紹的案例中，有一個怕生的田中先生的例子，大家還記得吧。其實這是借用CLG對美國某企業進行高階主管研習的案例，只是我把它改編成了日本風格的版本。

若有讀者比對本書中CLG經手過的其他案例，以及我親自經手過的日本案例，從中發現這個謎底，表示你對文化性先行現象的感受度相當敏銳。沒看出來的讀者，反過來說，就是對普遍性行為的法則感受度較高的人。

我想說的是，這兩者都很重要。歐美式的手法不一定不適用於日本，但直接原封不動引進，也不一定就能順利推動。

管理手法若太侷限在「如何做」，很容易漏看本質。應該把案例中的行為公式當作「為什麼」來理解，並把注意力放在它的運用方法上。

最後說些題外話，我在留學時指導過的那幾位學生，後來都跑去念研究所，並順利拿到學位，現在在CLG當顧問，表現十分傑出。

「伴隨性就是緣分。」這是我已故恩師之一佐藤方哉老師說過的話，經過四分之一世紀後，我寫了一本與他們工作相關的書，現在回想起來，覺得老師說的真對，一切都是緣分。

Q

優秀領導者一定要懂行為分析嗎？

A

說的沒錯。世界上有很多優秀的領導者，不管是經營者或管理職，我想大部分都沒有學過或聽過行為分析學。

我見過很多領導者，他們可以把部屬的行為發揮到最大限度、提升業績，同時受到部屬仰慕，從行為分析學的角度來看，他們的管理方式十分合理。

京瓷（Kyocera Corporation）的創始人、讓日航（Japan Airlines）再生的稻盛和夫，他最有名的經營手法就是「阿米巴經營」（Amoeba operating）。這個方法就是採取各部門獨立核算的制度，明確制定用來作為目標的指標，並減少負責達成目標的人數，釐清指標與行為之間的關係（也就是我們說的伴隨性）。

比如說，據說飛機著陸時，不使用引擎的推力反向器，而是使用煞車的話，每次可省下十萬日圓的燃料費，一個月下來可以節省一億四千萬日圓（編按：約四千七百萬新台幣）。但在以往，機長的這個行為（使用煞車）沒有被任何先行現象觸發，也沒有被任何後續現象強化。

後來，每個部門都重新設定新的目標以及指標的回饋，多了許多伴隨性，使得許許多多有利於公司重生的行為，在公司各部門遍地開花，成功讓日航再生。

看到這類成功的例子，千萬不要僅止於對這些經營大師施展的魔法發出讚嘆，或是把成功歸因於他徹底貫徹「成本意識」等，這樣的解釋就會陷入心理學的陷阱。應該要透過行為公式解讀它，如此一來，獲得的資訊才可能運用在其他家企業上。

我相信世上有很多不懂行為分析學、但事業卻非常成功的領導者。不過，相較之下，我相信有數倍、甚至數十倍不懂行為分析學，卻時常為經營所苦的領導者。

不是經營大師也沒關係，若大家能因為本書而了解、甚至活用這門行為的科學，朝著經營大師之路邁進，我深感榮幸。

延伸閱讀⑩——用「操作指南」卻提高了自發性

一聽到「操作指南」，很容易讓人聯想到一些頭腦不靈活、不懂得臨機應變的工讀生，給人一種負面的印象。

操作指南假如使用得不好，確實是一種有風險的先行現象。不過我們來看看把無印良品（MUJI）經營得有聲有色的良品計畫株式會社，他們公司使用操作指南的方式很特別，居然還可以提高員工的自發性，值得關注。

無印良品的操作指南稱作「MUJIGRAM」，每位員工都可經常去更新、修改它的內容。

假如操作指南上面寫的東西派不上用場，就沒有人會去讀它，當然也就沒人會使用它。讀操作指南的行為，或遵照上面指示工作的行為一旦消退，先行現象就會失去喚起行為的力量——也就是所謂的「放羊的小孩」法則。

甚至，當工作不順利時，員工還會把過錯歸咎於操作指南。比如說，他可以拿操作指南當作藉口：「因為操作指南上這麼寫，所以我就照做啦。」

假如在你工作的職場中有以下這些狀況，會發生這樣的事情也是理所當然。例如，員工沒有機會或權限，把操作指南修改得更貼近實際操作情況；行為被實行，但逐漸消退（提出修改建言，但沒被採納）、懲罰（受到責難：「照操作指南做就對了！」）。

操作指南作為先行現象，除了要求員工必須按照上面寫的指示行動，同時還要提供讓員工可以在操作指南失靈時修改指示的環境，如此才能完全發揮作用。但能理解這個道理，並運用得當的案例實屬鳳毛麟角。

無印良品把製作簡明易懂的操作指南之方法公式化，所以可以確實強化遵照操作指南工作的行為。他們透過清楚標示出簡單易懂的規則、具體列出正確示範和錯誤示範的範例，以此提高使用操作指南行為的強化率。

其次，他們還透過確保員工可以更新指南的機會，以及認可他們的行為這樣的伴隨性，使得員工可以配合現場工作的變化，盡可能即時性的更新指南的內容。

這是逆向思考，讓員工使用操作指南，反而可以提升他們的自發性。

良品計畫株式會社的前會長松井忠三，在他的著作[60]中說到：「只要改變行為，意識也會跟著改變。」我覺得他說的再正確不

■圖表21　操作指南的更新

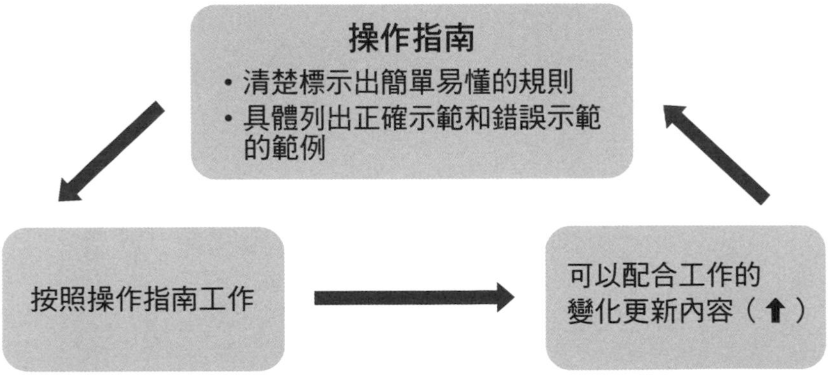
操作指南
・清楚標示出簡單易懂的規則
・具體列出正確示範和錯誤示範的範例
按照操作指南工作
可以配合工作的變化更新內容（⬆）

60 松井忠三，《無印良品成功九〇%靠制度：不加班、不回報也能創造驚人營收的究極管理》，天下文化出版（二〇一四）。

過了。

一般人總以為意識改變，行為才會跟著改變，這是誤解。至於行為，則是要透過伴隨性改變。

對於操作指南的運用感到棘手的領導者，我誠心推薦你們讀一讀松井先生的書，去推敲無印良品的伴隨性，我想一定可以讓你們獲得很多實用的啟發。

後記

管理不能以個人攻擊做結語，要以行為分析開始

歸根究柢，到底什麼是「正向」？

我想，把這本書從頭讀到尾的讀者之中，一定有人抱持這個疑問。

本書介紹的正向行為管理中的「正向」，其意義包含以下幾個面向：

1 把對部屬的期待行為化與精準化。

當我們陷入個人攻擊的陷阱時，很容易把注意力放在對部屬的負面評價「那傢伙沒做XXX」、「那傢伙做不到XXX」。

假如把對部屬的期待，用「希望他做到XXX」的方式寫出具體的行為，就容易把注意力放在對部屬的正面評價上。

2 誘使經過精準化後的行為發生，並使之持續的方法。

把煽動不安感、責罵、威脅、使用懲罰物的管理方式，轉換成認同部屬的成長與成功、祝福、感謝、使用增強物的管理方式。

行為化、精準化再加上管理方式的轉換，同時使用這兩項技巧，就可以讓部屬的工作態度從「不做不行」轉變成「因為想做所以做」。

想要提高部屬的自主性以及創造力，這樣的轉變是必要的。

3 與前面兩項相關，那就是增加組織的積極性。

若一個上司期待部屬做的行為不明確，再加上偏好使用懲罰物來管理，將會使上司與部屬的溝通時機，多半出現在發生壞事的時候，在行為管理上不免顯得被動。

相較之下，若能事先把對部屬的期待，定義成與業績相關的行為，並把重心移到增加與維持這個行為上，就能防範重大事件發生於未然，或是發生時能以最快的速度應對，同時進行改善，避免再次發生。

4 組織中的氛圍，也可以說是企業風氣。

使用懲罰物的管理方式，一旦轉換成使用增強物的管理方式，根據情感波動公式，員工的心理健康就可以獲得改善。不僅能讓員工帶著好心情快樂的工作、離職率或轉職率降低，也可以降低人事成本。

正向行為管理雖然好處多多，但它並非魔法。正所謂知易行難，導入這個方法的過程中，難免會面臨各式各樣的難關。很遺憾，正向行為管理的「正向」並不是「樂觀」的意思。相反的，它是十分講究實際的方法。

看到那些不斷落入個人攻擊的陷阱或心理學陷阱的例子，都正好說明了我們的社會、文化存在一種伴隨性，會強化我們落入這些陷阱的行為。比如說，在我們的文化中，比起稱讚別人，責備別人的行為更容易受到強化。

想要將正向行為管理導入企業，改變領導者的行為與部屬的行為、改善業績，則必須顛覆這種日常習慣，打造一個新的環境才行。這絕非易事，卻是一件很有意義，而且可以獲得極大成果的工作。

所幸，這套方法經過長年的研究與實踐，我們已經可以想像得到施行時會遭遇哪些難關，以及跨越難關的方法。

現在，跨太平洋夥伴協定（ＴＰＰ）已成為大家關注的話題，我認為在未來，貿易的自由化只會更加發達，這絕對是一股難以抵擋的歷史潮流。

對於暫時無法對擴大內需寄予厚望的日本企業而言，不難想像，未來他們必須積極的拓展海外市場，或藉由合併、收購外國企業，才能持續壯大自己。而這時候，以行為分析學作為基礎的正向行為管理，絕對能夠助他們一臂之力。

認真看待舊有工作方法和領導能力的極限、建構未來的工作方法與領導能力，若本書能為此目標做出一點貢獻，我備感榮幸。

附錄
名詞列表

前言

行為分析學（behavior analysis）

正向行為管理（positive behavioral management）

第一章

領導能力（leadership）

行為化（behaviorizing）

精準化（pinpointing）

知識與行為的落差（knowing-doing gap）

個人攻擊的陷阱（blaming trap）

伴隨性（contingency）

介入（intervention）

介入包（intervention package）

強化（reinforcement）

行為變化的核心點（pivotal behavior）

心理學的陷阱（psychology trap）

研習的陷阱（workshop trap）

情境短片法（video-clip method）

死人測試（dead man's test）

具體性測試（specificity test）

行為的陷阱（behavioral trap）

微觀管理的陷阱（micro-management trap）

成果溝通公式

第二章

ABC分析（ABC analysis）
先行現象（antecedent）
標的行為（target behavior）
後續現象（consequence）
增強物（reinforcer）
懲罰物（punisher）
懲罰（punishment）
正向強化（positive reinforcement）
正向懲罰（positive punishiment）
逃避（escape）
負向強化（negative reinforcement）
負向懲罰（negative punishiment）
復原（recovery）
消退（extinction）
學習（learning）
履行（execution）
聚沙成塔型（small but cumulatively significant）
天災總是在忘記之後來臨型（improbable but significant）
即時性的公式
語言化的公式
足夠分量的公式
高機率的公式
行為的PDCA循環（behavioral PDCA cycle）
跳躍性解決策略的陷阱（solution trap）
行為塑造（shaping）

第三章

IMPACT模型

NORMS模型
績效回饋（performance feedback）
物質性增強物
情報性增強物
社會性增強物
活動性增強物
權利性增強物
放大鏡效果
E-TIP檢驗法
行為的變動性（behavioral varilability）
伴隨性的假設法
參與型管理（participative management）

第四章

一：四法則
雙重PBL
專案導向式學習（Project-Based Learning）
績效導向的領導風格（performanced-based leadership）
基線（baseline）
思考輔助工具（thinking aids）
前驅性回饋（constructive feedback）
MAKE-IT模型
DCOM

第五章

透過懲罰物引發的情感波動公式
透過增強物引發的情感波動公式
反擊控制（counter control）
反擊的行為公式

Biz 211

這是你的團隊，你會怎麼帶？

部屬為什麼不照我意思行動？怎麼改變？
管理者必學的行為分析技術

作　　者／島宗 理
譯　　者／鄭舜瓏
責任編輯／李家沂
校對編輯／劉宗德
美術編輯／邱筑萱
副總編輯／顏惠君
總 編 輯／吳依瑋
發 行 人／徐仲秋
會　　計／林妙燕
版權主任／林螢瑄
版權經理／郝麗珍
行銷企畫／汪家緯
業務助理／馬絮盈、林芝縈
業務專員／陳建昌
業務經理／林裕安
總 經 理／陳絜吾

國家圖書館出版品預行編目(CIP)資料

這是你的團隊，你會怎麼帶？部屬為什麼不照我意思行動？怎麼改變？管理者必學的行為分析技術 / 島宗 理著；鄭舜瓏譯. -- 初版. -- 臺北市：大是文化，2017.1
272面；17×23公分. --（Biz；211）
ISBN 978-986-5612-89-4（平裝）

1. 組織管理　2. 企業領導　3. 職場成功法

494.2　　105019486

出 版 者／大是文化有限公司
台北市 100 衡陽路 7 號 8 樓
編輯部電話：(02)2375-7911
購書相關諮詢請洽：(02)2375-7911 分機122
24小時讀者服務傳真：(02)2375-6999
讀者服務E-mail：haom@ms28.hinet.net
郵政劃撥帳號／19983366　戶名／大是文化有限公司

香港發行／里人文化事業有限公司 “Anyone Cultural Enterprise Ltd”
地址：香港新界荃灣橫龍街 78 號 正好工業大廈 22 樓 A 室
22/F Block A, Jing Ho Industrial Building, 78 Wang Lung Street, Tsuen Wan, N.T., H. K.
電話：(852)-2419-2288
傳真：(852)-2419-1887
E-mail：anyone@Biznetvigator.com

封面設計／林雯瑛
內頁排版／吳思融
印　　刷／緯峰印刷股份有限公司

出版日期／2017 年 1 月初版
Printed in Taiwan
定　　價／360元（缺頁或裝訂錯誤的書，請寄回更換）
ISBN　978-986-5612-89-4